海洋遥感与海洋大数据丛书

海洋遥感大数据信息
生成及应用

郝增周　涂乾光　孙伟富　叶　枫　著

科学出版社
北　京

内 容 简 介

　　海洋遥感大数据是海洋大数据的重要支柱。本书充分凝练作者团队近几年海洋遥感大数据生成和分析应用相关工作成果。全书共 8 章，深入揭示海洋遥感大数据的内涵和特点，详细介绍海洋遥感大数据信息生成技术，系统阐述海洋遥感大数据在海洋环境要素时空特征规律认识、要素关联关系信息挖掘、海洋现象认知、海洋灾害和海洋预报中的应用，分析海洋遥感大数据管理和应用技术前景。本书的出版，对我国海洋大数据、海洋环境安全保障等工作具有推广和借鉴意义。

　　本书可供海洋行业从业者、院校和科研院所相关专业老师、研究人员、研究生和本科生，特别是从事海洋遥感、海洋大数据和海洋环境安全保障等研究人员阅读参考。

审图号：GS 京（2024）0596 号

图书在版编目（CIP）数据

海洋遥感大数据信息生成及应用/郝增周等著. —北京：科学出版社，2024.3
（海洋遥感与海洋大数据丛书）
ISBN 978-7-03-078159-8

Ⅰ.① 海… 　Ⅱ.① 郝… 　Ⅲ.① 海洋观测卫星–卫星遥感–遥感数据–数据处理 　Ⅳ.① V474.1 ② TP72

中国国家版本馆 CIP 数据核字（2024）第 054642 号

责任编辑：杜　权/责任校对：高　嵘
责任印制：吴兆东/封面设计：苏　波

科　学　出　版　社 出版
北京东黄城根北街 16 号
邮政编码：100717
http://www.sciencep.com

北京中科印刷有限公司印刷
科学出版社发行　各地新华书店经销
*
开本：787×1092　1/16
2024 年 3 月第 一 版　印张：11 1/2
2025 年 1 月第二次印刷　字数：280 000
定价：168.00 元
（如有印装质量问题，我社负责调换）

"海洋遥感与海洋大数据丛书"序

在生物学家眼中，海洋是生命的摇篮，五彩缤纷的生物多样性天然展览厅；在地质学家心里，海洋是资源宝库，蕴藏着地球村人类持续生存的希望；在气象学家看来，海洋是风雨调节器，云卷云舒一年又一年；在物理学家脑中，海洋是运动载体，风、浪、流汹涌澎湃；在旅游家脚下，海洋是风景优美无边的旅游胜地。在遥感学家看来，人类可以具有如齐天大圣孙悟空之能，腾云驾雾感知一望无际的海洋，让海洋透明、一目了然；在信息学家看来，海洋是五花八门、瞬息万变、铺天盖地的大数据源。有人分析世界上现存的大数据中环境类大数据占70%，而海洋环境大数据量占到了其中的70%以上，与海洋占地球的面积基本吻合。随着卫星传感网络等高新技术日益发展，天-空-海和海面-水中-海底立体观测所获取的数据逐年呈指数级增长，大数据在21世纪将掀起惊涛骇浪的海洋信息技术革命。

我国海洋科技工作者遵循习近平总书记"关心海洋，认识海洋，经略海洋"的海洋强国战略思想，独立自主地进行了水色、动力和监视三大系列海洋遥感卫星的研发。随着一系列海洋卫星成功上天和业务化运行，海洋卫星在数量上已与气象卫星齐头并进，卫星海洋遥感观测组网基本完成。海洋大数据是以大数据驱动智能的新兴海洋信息科学工程，来自卫星遥感和立体观测网源源不断的海量大数据，在网络和云计算技术支持下进行快速处理、智能处理和智慧应用。

在海洋信息迅猛发展的大背景下，"海洋遥感与海洋大数据丛书"呼之欲出。丛书总结和提炼"十三五"国家重点研发计划项目和近几年来国家自然科学基金等项目的研究成果，内容涵盖两大部分。第一部分为海洋遥感科学与技术，包括《海洋遥感动力学》《海洋微波遥感监测技术》《海洋高度计的数据反演与定标检验：从一维到二维》《北极海洋遥感监测技术》《海洋激光雷达探测技术》《海洋盐度遥感资料评估与应用》《中国系列海洋卫星及其应用》；第二部分为海洋大数据处理科学与技术，包括《海洋大数据分析预报技术》《海洋环境安全保障大数据处理及应用》《海洋遥感大数据信息生成及应用》《海洋环境再分析技术》《海洋盐度卫星资料评估与应用》。

海洋是当今国际上政治、经济、外交和军事博弈的重要舞台，博弈无非是对海洋环境认知、海洋资源开发和海洋权益维护能力的竞争。在这场错综复杂的三大能力的竞争中，哪个国家掌握了高科技制高点，哪个国家就掌握了主动权。本套丛书可谓海洋信息技术革命惊涛骇浪下的一串闪闪发亮的水滴珍珠链，著者集众贤之能、承实践之上，总结经验、理出体会、挥笔习书，言海洋遥感与大数据之理论、摆实践之范例，是值得一读的佳作。更欣慰的是，通过丛书的出版，看到了一大批年轻的海洋遥感与信息学家的崛起和成长。

"百尺竿头，更进一步"。殷切期盼从事海洋遥感与海洋大数据的科技工作者再接再厉，发海洋遥感之威，推海洋大数据之浪，为"透明海洋和智慧海洋"做出更大贡献。

中国工程院院士 潘德炉

2022 年 12 月 18 日

随着海洋信息革命的发展，海洋领域已进入大数据时代。面对航空、临近空间、极轨、高轨等多平台的遥感探测，高空间、高时间、高光谱等多类遥感探测获知的海洋环境，基于卫星遥感的海洋遥感大数据的信息生成至关重要。通过海洋遥感大数据分析海洋环境时空特征，开展信息挖掘，发展海洋灾害和海洋预报应用，是海洋环境安全保障体系的重要组成部分。

本书是作者团队对近几年海洋遥感大数据信息生成和应用相关研究成果的总结和凝练，从海洋环境卫星遥感监测角度提出海洋遥感大数据体系。有别于传统遥感领域按照不同卫星遥感模型、遥感数据进行数据反演和行业应用，本书将多源异构的海洋遥感产品跨越到海洋遥感大数据的信息生成，研究4类典型海洋环境要素的海洋遥感大数据信息生成技术，通过海洋遥感大数据认识不同海域海洋环境要素时空特征规律，分析海洋环境要素关联关系和信息挖掘，认知海洋现象，形成海洋灾害和海洋预报应用，为海洋环境安全保障体系提供遥感大数据生成、信息挖掘和分析应用等技术支撑。

全书共分为8章，各章主要内容如下。

第1章：在介绍海洋环境特征、分类和监测，以及海洋卫星遥感技术及其发展和特点的基础上，概述海洋遥感大数据的内涵和特征。

第2章：介绍遥感产品的质量控制和时空信息校正技术；说明表层叶绿素a浓度、海面有效波高、海面风场和海表温度4种典型海洋环境要素的海洋遥感大数据信息生成技术。

第3章：介绍海洋遥感大数据在不同海域海洋环境要素时空特征规律的认识，包括西太平洋海域海洋水色环境要素的多尺度变化特征、海面高度异常时空变化特征、全球海域海表温度时空分布特征。

第4章：介绍海洋环境要素关联关系和信息挖掘，包括运用相关分析、因果分析和关联规则挖掘分析不同海洋环境因子对海面高度的影响，以及南海海域三维温盐结构对海水透明度的影响。

第5章：介绍海洋中尺度涡和海洋锋面的信息提取、探测方法，分析西太平洋中尺度涡和海洋锋面的分布及变化特征。

第6章：介绍海洋遥感大数据在海浪灾害中的应用，包括风浪关系模型、台风浪信息跟踪，灾害性海浪空间分布及时间变化。

第7章：介绍海洋遥感大数据在海洋预报中的应用，包括人工智能海洋预报，海表叶绿素a大数据分析预报、海表温度和海面高度大数据分析预报三类典型应用。

第8章：介绍海洋遥感大数据在管理技术和应用技术的发展趋势和前景。

本书由自然资源部第二海洋研究所郝增周研究员组织撰写，并负责各章内容的讨论和全书审定。各章写作分工：第1章由郝增周、涂乾光、李登峰撰写；第2章由涂乾光、叶枫、陈心一撰写；第3章由郝增周、叶枫、邓美环撰写；第4章由邓美环、黄海清撰写；第5章由孙伟富、崔伟、杨俊钢撰写；第6章由郝增周、张思琪、邓美环撰写；第7章由叶枫、邓美环、郝增周撰写；第8章由郝增周、叶枫撰写。

在本书出版之际，特别感谢科学技术部，中国21世纪议程管理中心，自然资源部科技发展司、海洋预警监测司对本书出版工作的大力支持。特别感谢自然资源部第二海洋研究所潘德炉院士，国家海洋信息中心石绥祥研究员、杨锦坤研究员，自然资源部第一海洋研究所马毅研究员，国家海洋卫星应用中心叶小敏研究员，上海大学徐凌宇教授在本书撰写过程中给予的指导和建议。

在国家大数据政策和发展战略的指导下，海洋遥感大数据迎来了新的机遇发展。作者团队在持续不断的学习中，结合卫星海洋遥感、海洋大数据、人工智能技术的发展和海洋环境安全保障研究工作，与相关领域专家进行不断地探讨，在国家重点研发计划项目（2021YFC3101602、2016YFC1401903）、全球变化与海气相互作用专项（XXX-JC-PAC-YGST）的共同目标驱动下，花费大量地时间完成本书，全面介绍海洋遥感大数据的信息生成及其应用，希望引起读者对海洋遥感大数据的关注。

由于作者水平有限，书中难免出现不足之处，恳请读者批评指正。

作　者

2023 年 11 月 20 日

目 录

第1章 绪 论

海洋是指地球表层连成一片的海和洋的总体水域，包括海水、溶解和悬浮于水中的物质、海底沉积物，以及生活于海洋中的生物。所构成的海洋环境涵盖海洋水体、气候、地形、生物多样性和生态系统等方面，因此，海洋环境是一个开放、复杂的系统（安太天 等，2020）。人类并不生活在海洋上，但海洋却是人类生产和消费不可缺少的物质和能量的源泉。随着科学和技术的发展，海洋对人类的影响日益增大，人类对海洋的依赖程度越来越高，开发海洋资源的规模也越来越大，海洋环境正不断受到人类活动的影响和污染。有效地监测海洋环境、掌握海洋环境的变化，有助于人类可持续地开发和利用海洋。

海洋遥感探测技术是通过测量海洋水体发射或反射的电磁波，以科学算法或模型反演获知海洋状态的各种环境参量信息。光学遥感探测海洋表层叶绿素 a 浓度、悬浮物浓度、黄色物质、漫射衰减系数及其他海洋水体环境参数；红外遥感探测海表温度；微波遥感探测海面风场、海面高度、有效波高、海面盐度、表层流、重力异常等海洋环境参数（潘德炉 等，2017）。多样的海洋遥感探测技术正逐渐成为大面监测海洋环境的重要手段。

海洋遥感探测技术短短几十年的发展，从军事应用扩展到全球变化研究、海洋环境动态监测等广阔领域，呈现出无可替代的作用和旺盛的生命力，形成了强有力的卫星海洋遥感观测体系。高光谱、高空间分辨率、高时间频次等海洋遥感探测技术的快速发展，带动海洋遥感数据快速积累，使各类海洋环境遥感参数、遥感产品呈指数级数暴涨。海洋遥感已经进入大数据时代，海洋遥感大数据已成为海洋大数据的重要支柱。

1.1 海洋环境

海洋环境指地球上海和洋水域中的各种自然条件和生物群落，包括海水、海底地形、海洋气候、海洋生物等。海洋环境是生命的摇篮和人类的资源宝库。

1.1.1 特征

海一般邻靠陆地，水深在 3000 m 以内，海水中盐度、水温受大陆影响，有显著季节变化，透明度小，没有独立的潮汐系统，潮汐一般从大洋传来，涨落显著。世界上海的面积约占海洋总面积的 11%。

洋一般远离大陆，面积广阔，水深在 2000 m 以上，盐度、水温不受大陆影响，季节变化小，透明度大，有独立的潮汐系统和强大的洋流系统。世界上洋的总面积约占海洋总面积的 89%。

海和洋相互沟通，连成一片，称为海洋。海洋对人类和地球生物的形成和发展起着巨大的作用，海洋环境对地球环境的形成也起着决定性的作用。海洋是地球上水循环的起点，海水受热蒸发，水蒸气升到空中，再被气流带到陆地上，使陆地上有降水和径流，陆地上有了水，生物才得到发展；海洋对地球上的气候起着调节作用，使气温变化缓和，适宜生存。

海洋环境具有如下特征。

（1）大面积。海洋总面积约为 3.61 亿 km²，约占地球总面积的 70.8%，提供了丰富的生存空间和多样的环境系统。

（2）高动态。受包括潮汐、洋流、海浪、风等各种物理过程的影响，海洋环境具有高动态性。

（3）多水层。海洋的水柱延伸到深海底部，形成了不同的水层。水柱的物理和化学特性，如温度、盐度、氧气含量等，会随着深度的变化而发生显著变化，形成不同的海洋环境。

（4）全球联系。海洋通过水循环、气候调节和碳循环等过程与其他环境要素相互作用，海洋环境是全球生态系统中不可或缺的一部分，与陆地系统、大气系统和地球系统相互联系。

上述这些特征共同构成了海洋环境的复杂性和独特性。因此，要深入了解海洋环境各要素的相关情况，既要有宏观、大范围的监测手段，也需要按照不同的频率进行观测。

1.1.2 分类

海洋环境是一个非常复杂的系统，按照区域性可划分为潮间带、河口、海湾、浅海海区、大洋海区等海洋环境。

1. 潮间带

潮间带是位于平均大潮的高低潮位之间的地带，是海洋与陆地之间的过渡地带。潮间带交替暴露于空气中和淹没于海水中，因此潮间带是温度变化（包括日变化和季节变化）最剧烈的区域。受蒸发、降水和大陆地表径流的影响，潮间带区域海水的盐度也呈现很大的变化幅度。受波浪和周期性潮汐过程的影响，潮间带冲刷作用明显。此外，潮间带濒临大陆，污染物质容易在此积累。

2. 河口

海水和淡水交汇混合的部分封闭的沿岸海湾称为河口，它是海洋和河流两类水域生态之间的交替区和过渡带，如长江口、珠江口。广义的河口还包括半封闭的沿岸河湾、潮沼和在沿岸沙坝后面的水体。河口受潮汐作用强烈，同时也受河水剧烈影响，因此河口生态环境多变迁，呈现周期性变化。

3. 海湾

海湾是被陆地环绕成明显水曲的水域，是海洋的边缘部分。广义的海湾是指海洋的一部分伸入陆地，深度和宽度逐渐减小的水域，如渤海湾、杭州湾等。海湾是海洋生物生产力较高的区域之一，蕴藏着丰富的资源，有着的优越的地理位置和独特的自然环境，是人类认识海洋、开发海洋和保护海洋的首选区域。海湾环境同样具有明显的日变化、季节变化和年变化特征。

4. 浅海海区

浅海海区是指海岸带海水深度较小的区域，包括从潮间带下限至大陆架边缘内侧水体和海底，其平均深度一般不超过 200 m。浅海海区受大陆影响较大，水文、物理和化学等要素相对大洋区复杂多变，并且具有季节性和突然性变化的特点。例如，浅海海区由于水较浅，温度变化受大陆影响较大，昼夜温差也大。不同纬度的浅海海区海水温度变化各有自身特点。

5. 大洋海区

大洋海区是指大陆边缘以外深度较大、面积广阔的区域。世界上有太平洋、大西洋、印度洋和北冰洋四大洋，它们的总面积约占海洋总面积的 89%。因不受大陆的直接影响，其环境相对近岸浅海海区更加稳定。

可见，海洋环境类型多、范围广、变化复杂。只有综合利用各种手段进行监测，才能充分了解和掌握海洋环境的时空分布、变化规律，趋利避害，为海洋开发利用和保护提供支撑。

1.1.3 监测

海洋环境监测是指运用特定的技术手段获取关于海洋学过程和海洋环境状况的相关资料，包括物理、化学、生物及其他海洋科学的特征要素。

1. 监测类型

海洋环境监测涵盖面很广，根据监测过程中涉及的各种海洋学过程及相关环境要素变化的时空尺度可分为以下 5 种类型。

（1）稳定变化类型：这类监测对象随着时间推移变化极为缓慢，如各种岸线、海底地形和底质分布，它们在几年或十几年的时间里通常不发生显著的变化。

（2）缓慢变化类型：这类监测对象一般对应海洋中的大尺度过程，它们在空间上可以跨越几千千米，在时间上可以有季节性的变化，典型的有湾流和黑潮。

（3）显著变化类型：这类监测对象对应海洋中的中尺度过程，它们在空间上的跨度可以达几百千米，周期约几个月，典型的如大洋的中尺度涡、近海的区域性水团等。

（4）迅速变化类型：这类监测对象对应海洋中的小尺度过程，它们的空间尺度在十几千米到几十千米范围，而周期则在几天到十几天之间，典型的如海洋中的羽状扩散现象。

（5）瞬间变化类型：这类监测对象对应海洋中的微细过程，它们的空间尺度在米的量级以下，时间尺度则在几天到小时甚至分、秒的范围内，典型的如海洋中水团的湍流运动和对流过程等。

2. 监测方式

针对上述不同时空尺度的海洋环境，应采取不同的方式进行监测，如定点监测、大面监测、断面观测、连续监测和立体监测等，根据所使用的平台和传感器类型，又可以分为站点观测、浮标观测、船舶观测、遥感观测等，如图 1.1 所示。站点观测、浮标观测和船舶观测是常规观测方式。站点观测和浮标观测是通过固定站点、漂流或锚系浮标上搭载各种传感器来实现点观测；船舶观测则是通过穿航线、取样等来完成的线观测。海洋辽阔无垠，受人力、物力和自然条件的限制，常规观测无论规模、范围、频率都是有限的。相比而言，遥感探测具有空间覆盖范围广、时效性强、信息量大等特点，已逐渐成为区域和全球海洋环境监测的重要手段。

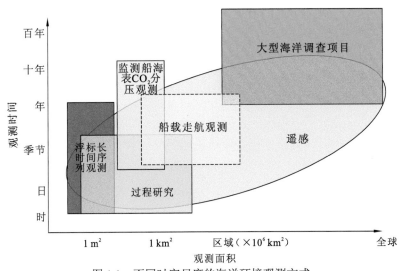

图 1.1 不同时空尺度的海洋环境观测方式

（1）站点观测。海洋观测站一般设在距离海岸线 500 m 以内，根据海洋环境监测、海洋科学研究、海洋资源开发等需求建设的岸基台站，可对站点海洋环境进行长期、连续的定点收集、处理与接收存储。

（2）浮标观测。海洋浮标包括锚系浮标、潜标、坐底式浮标和漂流浮标等。锚系浮标是将观测仪器安置在一个浮标体中，锚泊在指定位置；潜标是一种用于收集多层次深海数据的观测设备；坐底式浮标是放置在海底的观测系统，主要探测海底附近的海洋参数，还可以采用声学仪器测量海洋的剖面参数；漂流浮标则是随着全球定位和卫星通信技术的发展而发展起来的一种十分有效的大尺度海洋环境监测手段。

（3）船舶观测。按其调查任务可以分为综合调查船、专业调查船和特种海洋调查船。观测方式包括站点采样测量和走航自动测量获知航路上或航线的海洋环境信息。

（4）遥感观测。遥感观测是以平台搭载传感器进行非接触式的一种观测方式。按平台距离地面的高度分为地面遥感、航空遥感和航天（卫星）遥感。随着人们对海洋观测的需求增多，海洋遥感探测的物理量越来越广泛。

1.2 海洋卫星遥感

1.2.1 海洋卫星遥感技术概述

海洋卫星遥感技术的发展经历了多个阶段，从最早的单一传感器到多传感器综合观测，从低分辨率到高分辨率，从被动遥感到主动遥感，不断提升对海洋环境的观测能力和数据质量。海洋卫星遥感技术的发展概括如下。

（1）传感器技术改进。随着卫星遥感技术的发展，传感器的性能不断提升。传感器的分辨率得到提高，跨越千米级到亚米级，可以获取更高精度的海洋遥感数据。同时，传感器的光谱范围也得到扩展，可以获取更多的光学信息，如可见光、红外线和微波等波段的数据，从而提供更全面的海洋环境信息。

（2）数据处理和分析技术。随着计算机和数据处理技术的发展，基于机器学习、人工智能和大数据分析等方法，可以对海洋遥感数据进行更高效、准确的处理和解释。通过开发新的算法和模型，可以从遥感数据中提取更多的海洋环境信息，包括水质参数、气候变化指标、海洋生态系统状态等。同时，数据融合和多源数据集成的技术也得到广泛应用，提高了数据的综合利用效果。

（3）多平台协同观测。除了多星组网，还有其他平台和设备参与海洋遥感观测。例如，飞机、无人机、浮标、船舶等也可以搭载传感器进行海洋环境观测。通过多平台协同观测，可以获取更高时空分辨率的数据，增强对海洋环境的监测能力。

（4）实时观测和监测。随着遥感技术的进步，卫星遥感逐渐具备了实时观测和监测的能力。通过快速数据获取、实时数据传输和高效的数据处理技术，可以实现对海洋环境的实时监测，及时掌握海洋的变化情况。

（5）雷达遥感技术。雷达遥感技术包括合成孔径雷达（synthetic aperture radar，SAR）技术和激光雷达（light detection and ranging，LiDAR）技术。SAR 是一种主动雷达遥感技术，适用于不受天气和光照条件限制的海洋环境监测。SAR 能够获取海面风场、海浪、油污等参数，对海洋动力环境和海洋灾害监测具有重要作用。海洋激光雷达利用激光技术进行海洋环境监测。它通过发射激光束并接收反射回来的光信号，测量和分析海面特征（如海浪高度、波长、方向和周期等）、海底地形和海水的廓线特征和参数（如水体的吸收、散射和海洋生物等）。

（6）数据共享和开放。随着信息技术的发展和全球合作的推动，海洋遥感数据的共享和开放逐渐成为趋势。国际组织和机构建立了海洋遥感数据共享平台，促进了数据的交流和合作，推动了海洋遥感技术的进一步发展。

上述这些技术的不断进步和应用推动了海洋遥感技术在海洋环境监测、资源管理、灾害预警、气候变化研究等方面的广泛应用。海洋卫星遥感技术的发展为深入了解海洋环境、保护海洋资源和维护海洋生态系统提供了重要的手段和支持。

1.2.2 海洋卫星分类

海洋卫星按用途大体上可分为三类：海洋水色遥感卫星、海洋动力环境遥感卫星和海洋监视监测遥感卫星（潘德炉 等，2011）。

1. 海洋水色遥感卫星

海洋水色遥感卫星通过星上装载的可见光波段探测设备对海洋水色要素进行探测。最具代表性的海洋水色遥感卫星是1997年8月1日美国国家航空航天局（National Aeronautics and Space Administration，NASA）成功发射的专用海洋水色卫星"海星"（SeaStar），它的成功发射使因水色遥感器"CZCS"在1986年停止运转而中断了10年的全球海洋水色遥感数据收集得以继续。到目前为止，世界上已经发射的具有海洋水色遥感功能的卫星有10多颗。

海洋水色遥感卫星用于探测海洋水色要素（如海水叶绿素 a 浓度、表层悬浮泥沙浓度、海水透明度、可溶有机物等），从而可获得海洋初级生产力、水体浑浊度和有机/无机污染等信息。这些信息对了解全球气候、海洋水体环境、海洋工程环境、海水养殖场、海洋渔场等都十分重要。海洋水色遥感卫星也可获得海冰外缘线，从而了解海冰分布，为船只提供航路信息（潘德炉 等，2008）。

2. 海洋动力环境遥感卫星

利用卫星遥感技术，可以获取全球大面积近实时的海洋动力环境参数，包括海洋风、浪、流、潮等，对提高海洋环境预报的精度和海洋灾害预警的准确性具有十分重要的意义。

海洋动力环境遥感卫星通过卫星上装载的高度计、散射计等对海面风场、有效波高、流、潮汐和海洋地形进行探测。高度计主要用于测量海面高度，其次也可获得海面风速和有效波高的信息。通过对海面高度的测量，一方面可获得洋流、潮汐及厄尔尼诺等海洋动力环境信息，另一方面又可获得大地水准面、海洋重力场、海底地形和地层结构等信息。这些信息对了解全球气候变化、灾害性天气、海床构造、海底矿物资源开发及海上军事活动都是至关重要的（贾永君 等，2015；何宜军，2002）。散射计主要用于测量海面风场矢量，可以实时获取大面积的海面风场，为风场数值预报提高海面观测风矢量数据，同时也为台风、风暴潮的灾害预警提供及时的监测数据，为海洋环境预报、海洋灾害预警及海上活动保障发挥重要作用（林明森 等，2015；蒋兴伟，2008）。

3. 海洋监视监测遥感卫星

海洋监视监测遥感卫星通常搭载合成孔径雷达（SAR）等多种微波遥感有效载荷，可穿透海上的云和雾，在白天和黑夜均可对海洋进行观测，其全天时全天候的观测能力要明显优于仅能在白天天气晴朗时才能进行观测的光学海洋卫星。海洋监视监测遥感卫星具体观测对象主要包括船舶、海上油气平台、溢油、海冰、海浪、海面风场、内波、大洋涡旋、上升流、海洋锋、海岛海岸带、水下地形、污染、海冰和冰盖等（张杰，2004）。

1.2.3　卫星遥感的特点

卫星遥感具有快速瞬时、大面观测、多源异构和稳定连续等特点,为海洋环境监测和研究提供了重要的数据来源和技术手段。

1.快速瞬时

快速瞬时指的是在卫星过境时间段内对地球表面进行快速观测和获取瞬时数据。

遥感卫星在飞行过程中对地观测几乎都是在一瞬间(小于 1 s)完成的,由此实现对地同步、连续的重复观测。对于近地轨道(如太阳同步轨道)卫星,一天可能有 1~2 次的瞬时观测;对于地球同步卫星 10~15 min 就有一次瞬时观测。在遥感瞬时观测中,卫星传感器对地表进行测量和记录,同步获取特定时间点的地表信息。这种观测方式可以捕捉到特定事件的时空分布特征,对一些快速变化的海洋过程和事件的监测和分析具有重要意义。

快速瞬时观测的特点使海洋卫星遥感可以应用于多个领域,包括自然灾害监测、环境变化分析、资源调查、城市规划等。例如,在自然灾害监测中,通过进行瞬时观测可以及时获取地震、火山喷发、洪水等灾害事件的影响范围和损失情况,为应急响应和灾后评估提供重要数据支持。

一般可用瞬时视场角(instantaneous field of view,IFOV)描述瞬时观测的空间分辨率。IFOV 是指在某一段很短的时间内,假定飞行器静止,传感器内单个探测元件的受光角度或观测视野。IFOV 定义了传感器在给定高度上瞬间观测的地表面积,这个面积就是传感器所能分辨的最小单元,即影像的空间分辨率。

遥感瞬时观测的优势在于可以提供即时的、高分辨率的数据,能够捕捉到短暂的事件和现象,为科学研究、应急管理和决策制定提供及时的信息。然而,瞬时观测也存在一些限制,如观测时间点的选择、云覆盖的影响和数据的处理等方面需要考虑和处理。

总之,遥感瞬时观测是一种对地球表面进行特定时间点或时间段内的观测和数据获取方式,可以用于快速变化的事件和现象的监测和分析,为应急响应、灾害管理和科学研究提供重要的数据支持。

2.大面观测

遥感大面观测是指利用遥感技术对大范围地区(海域)进行广泛的观测和监测。与瞬时观测相比,大面观测注重的是对广阔地区(海域)的整体特征和变化进行获取和分析。遥感平台越高,视角越宽广,可以同步观测到的地面范围也越大。当航天飞机和卫星在高空对地球表面目标进行遥感观测时,所获取的卫星影像要比近地面航空摄影测量所获取的范围大得多,并且不受目标地物周围环境的影响。因此,利用卫星可以对船舶、浮标不易抵达的海区进行观测。

目前,已发现的地球表面目标物的宏观空间分布规律,往往是借助于航天遥感来发现。通过大面观测,可以获得海域的空间分布、空间关系和空间变化的信息,对于理解海洋的整体特征、趋势和变化模式具有重要意义。例如,MODIS 影像的幅宽为 2330 km,一天可绕地球运行 14.6 周,覆盖全球大部分海洋。静止卫星则固定在 36 000 km 的赤道上空,通过凝视地球，实现快速大范围观测，如静止气象卫星一幅影像可覆盖地球表面的 1/3，静止水色卫星覆盖范围为 2500 km×2500 km，可实现宏观的同步观测。

卫星遥感大面观测的特点可满足区域海洋学研究乃至全球变化研究的需求。20 世纪后期以来的国际海洋界执行和参与的大型研究计划，如世界气候研究计划（world climate research programme，WCRP）、热带海洋与全球大气（tropical ocean-global atmosphere，TOGA）研究计划、世界大洋环流实验（world ocean circulation experiment，WOCE）、全球海洋通量联合研究（joint global ocean flux study，JGOFS）计划、海岸带海陆相互作用（land ocean interaction in the coastal zone，LOICZ）计划等，都采用了卫星海洋遥感所提供的数据集。

然而，遥感大面观测也面临一些挑战，例如数据处理的复杂性、云覆盖的影响和数据获取的成本等。此外，观测时间点的选择、数据准确性和数据一致性等问题也需要加以考虑和解决。

卫星遥感可以获取遥远、广阔的地理区域的数据，覆盖范围广，可以对全球范围内的海洋环境进行监测和观测。卫星遥感可以实现对边远、偏僻地区的监测，提供全球范围的海洋环境数据。

3. 多源异构

（1）多光谱信息。卫星遥感可以获取不同波段的光谱信息，包括可见光、红外和微波等。通过分析不同波段的光谱数据，可以获取海洋环境的不同特征和参数，如海洋温度、叶绿素 a 浓度和水色等。

（2）高空间分辨率。卫星遥感可以提供高分辨率的图像和数据，对海洋环境的细节和小尺度特征进行观测。高空间分辨率的数据可以揭示海洋环境的空间变化、局部特征和海洋生态系统的空间分布。

（3）多时相观测。卫星遥感可以进行多时相的观测，记录海洋环境的时序变化。通过多时相观测，可以分析海洋环境的季节性变化、年际变化和长期趋势，了解海洋环境的动态变化过程。

4. 稳定连续

卫星遥感可以实现对海洋环境的长时间连续监测，不受时间和季节的限制。这种连续监测可以帮助了解海洋环境的季节性变化、周期性变化和长期趋势，提供持续的数据支持。

卫星遥感获取的数据量巨大，每个卫星轨道周期性地获取海洋环境数据，可以形成大规模、长时间序列的数据集。这些数据集可以用于分析海洋环境的变化趋势、周期性变化和异常事件等。

1.2.4 海洋环境遥感分类

海洋环境遥感按用途大体上可分为两大类：海洋生态环境遥感和海洋动力环境遥感（潘德炉 等，2011）。

1. 海洋生态环境遥感

海洋生态环境遥感主要利用可见光、红外和微波等辐射计探测海洋水色水温环境，从而获知海表层叶绿素 a 浓度、海表悬浮物浓度、海水透明度、海表温度和海表盐度等海洋生态环境信息。

1）海表层叶绿素 a 浓度

叶绿素 a 广泛存在于水生植物和浮游植物中。海表层叶绿素 a 是海洋水体中藻类植物和浮游植物最丰富的色素之一，是海洋藻类生物量的指示指标，其浓度大小可以在一定程度上反映海洋水体环境的富营养化程度，是水质的重要表征参数。

海表层叶绿素 a 浓度的卫星遥感反演算法主要有经验算法、分析/半分析算法（Morel，1980）及神经网络算法（Buckton et al.，1999）。经验算法主要以叶绿素 a 浓度和遥感离水辐射率之间的统计关系为基础实现海表层叶绿素 a 浓度的遥感反演（Carder et al.，2004）；分析算法直接从辐射传输理论出发，将方程展开为水中各成分的吸收系数和后向散射系数的非线性函数，通过多波段分析方法来反演吸收系数和后向散射系数（Lee et al.，2001）；半分析算法吸取了以上两者的特点，基于辐射传输方程的解，通过遥感反射比模型反演得到叶绿素 a 浓度（Lee et al.，1994）；神经网络算法通过灵活模拟大量的非线性过程，来解决传统算法在 II 类水体叶绿素 a 浓度反演的"失效"问题，实现海表层叶绿素 a 浓度反演（丁静，2005）。

2）海表悬浮物浓度

海水悬浮物是指海洋中悬浮在水中的颗粒物质，它们的种类繁多，包括有机物、无机物、生物、非生物等。按粒径大小可将海水悬浮物分成泥质、粉砂质、细砂质、中砂质和粗砂质 5 类。海水悬浮物浓度用于描述水体中悬浮物的含量及其对水体质量的影响，悬浮物浓度的高低直接影响着水体透明度、水质及生态环境。

海表悬浮物浓度遥感反演同样可分为经验方法、半经验半分析方法和分析方法，关键问题在于建立水体反射率与悬浮物浓度之间的定量关系（邬国锋 等，2009；刘茜 等，2008；Doxaran et al.，2006）。20 世纪 80～90 年代以经验方法为主，90 年代后以半经验半分析方法为主，分析方法是未来水质遥感定量反演的趋势（杨一鹏 等，2004）。

3）海水透明度

海水透明度是海水能见程度的一个量度，它取决于海水的光学特性，也是衡量水质的重要参数。监测海洋水色和海水透明度的时空变化，对研究海水的理化特性、渔业生产及海军军事活动等都具有特别重要的意义。

海水透明度遥感反演算法从反演途径上可分为直接遥感反演算法和间接遥感反演算法。直接遥感反演算法是指利用遥感反演的离水辐亮度或遥感反射率直接获取海水透明度（傅克忖，1999；Prasad et al.，1998）；间接遥感反演算法是指先由离水辐亮度反演水色要素浓度或水体的光学性质，进而反演得到海水透明度，是一种复合模型（何贤强，2002）。

4）海表温度

海表温度是反映海洋热辐射状态的重要海洋环境参数，对研究海气相互作用，描述海洋结构状态具有重要作用。海表温度可用于提取海洋表面流场、锋面位置和强度，也是海-气通量估算的基本输入参数。目前关于海表温度并没有统一的、明确的定义，一般泛指海洋表层的水温。

目前基于卫星热红外遥感计算海表温度的算法大致可分为单波段算法、多波段算法和多时相算法等（Minnetta et al.，2019）。单波段算法计算温度时仅需单个热红外波段的数据，主要适用于只含一个热红外通道的传感器，目前单波段算法的典型模型有辐射传输方程法、QK&B 算法及 JM&S 算法。多波段算法的基本原理是假设地表发射率一定，利用大气在不同热红外通道对热辐射信息的影响差异来消除大气的影响，推导真实地表温度（McMillin，1975），因此，利用多波段算法计算温度时需要多个热红外数据。多时相算法是利用不同时间的观测结果来同时反演地表发射率与地表温度，但其前提为地表发射率相对稳定，不随时间变化，典型的两种模型是两温法和日夜物理算法（Watson，1992）。

5）海表盐度

海洋水体和陆地水体的一个重要的区别就是含盐量，因此含盐量可以看作海洋水体的一个重要的特征参量。海表盐度是海水含盐量的一个标度（张正斌，2004）。盐度、温度和压力作为海洋的三个基本参数，对研究海水的物理过程和化学过程起重要的作用。

针对海表盐度的遥感反演算法，可见光-近红外波段及微波 L 和 S 波段是海表盐度的反演研究主要数据源。可见光-近红外波段所涉及的海表盐度模型主要有海面辐射传输模型和多元回归统计模型（Wang et al.，2008；Binding et al.，2003）；而通过微波波段进行遥感反演时，海水介电常数模型或海面亮温模型是主流的研究模型，其中海水介电常数模型在河口-近岸海域有较好的表现，海面亮温模型比较适用于深海开阔海域。

2. 海洋动力环境遥感

海洋动力环境遥感主要利用微波雷达高度计、散射计等探测海洋动力环境，获知海面风场、海面高度/海面高度异常、海面有效波高等海洋动力环境信息。

1）海面风场

卫星遥感反演的海面风场是指海面 10 m 高度处的海面风场。海面风场是海洋上层运动的主要动力来源，与海洋中几乎所有的海水运动直接相关。作为海洋学的重要物理参数，海面风场直接影响海上航行、海洋工程、海洋渔业等领域。

目前，可用于海面风场观测的传感器有微波辐射计、微波散射计、微波高度计和合成孔径雷达。微波辐射计可以通过测量与海面风场有关的海面亮度温度对海面风速进行反演，但只能得到风速资料，且受天气条件限制；微波高度计仅能进行天底点测量，且扫幅很窄，只能得到风速资料，无法得到风向资料；合成孔径雷达可以对海面风速和风向进行反演，但其扫描范围小、重复率较差；微波散射计可以在任何天气条件下获取海面风速风向数据，且扫幅很宽，因此散射计风资料的应用受到广泛重视。

微波散射计海面风场反演可以分为三个主要步骤：①计算海面风矢量单元的后向散射系数，并获得不同天线相应的雷达参数；②利用风矢量与海面后向散射系数的经验关系，即地球物理模式函数，获得多个风矢量解（Long et al.，1991）；③风矢量多解的模糊性消除，即从一系列的多解风矢量中选择唯一的风矢量解。

2）海面高度/海面高度异常

海面高度是海表面相对于参考椭球面（最接近地球表面形状的一个椭球面）的距离；海面高度异常是海表面相对于平均海表面的偏差，即海面高度和平均海面高度的差。海面高度/海面高度异常作为重要的海洋要素，主要用于监测全球海平面的变化，对研究海洋温盐剖面、海洋涡旋等海洋动力现象也具有重要意义。

雷达高度计主要获取海面高度/海面高度异常等信息，其基本原理是根据发射和接收脉冲的时间间隔确定卫星到海面的距离，再结合卫星轨道信息和脉冲传播过程中的误差源修正信息，则可精确确定海面高度信息。

3）海面有效波高

海面有效波高是指海浪最大的 1/3 部分波高的平均值。海面有效波高作为描述海浪状态的重要参数，被广泛运用于航海、海洋工程、海洋气象等领域。

雷达高度计主要获取海面有效波高，其基本原理是向海面垂直发射脉冲，通过接收返回的脉冲信号获取信息。在返回的脉冲信号波形中，根据波形的斜率与有效波高的相关性，即波形斜率小对应大波高，波形斜率大对应小波高，采用波形跟踪反演算法，获取精确的有效波高信息。

1.3 海洋遥感大数据

1.3.1 内涵

海洋遥感利用传感器对海洋进行远距离、非接触观测，通过探测电磁波能量的方式获知海洋环境信息。海洋本身能辐射电磁波能量，还会反射或散射太阳和人造辐射源（如雷达）的电磁波能量，通过不同传感器接收并记录这些电磁能量，可用于反演不同海洋环境物理参数。

水色扫描仪：主要用于探测海洋表层叶绿素 a 浓度、悬浮物浓度、海水透明度、漫射衰减系数及其他海洋参数。

红外辐射计：主要用于探测海表面温度。

微波高度计：主要用于探测海面高度、海面有效波高、海面风速、表层流等。

微波散射计：主要用于探测海面风场。

微波辐射计：主要用于探测海表面温度、海面盐度、海面风速、海冰及 CO_2 海-气交换等。

合成孔径雷达：主要用于反演波浪方向谱、中尺度涡旋、海洋内波、浅海地形、海洋锋面、海上目标等海表特征信息。

海洋遥感探测方式有主动式和被动式两种：①主动式遥感，先由遥感器向海面发射电磁波，再由接收到的回波提取海洋信息或成像，这种传感器包括侧视雷达、微波散射计、雷达高度计、激光雷达和激光荧光计等；②被动式遥感，传感器只接收海面热辐射能或散射太阳光和天空光的能量，从中提取海洋信息或成像，这种传感器包括各种照相机、可见光和红外扫描仪、微波辐射计等。

1.3.2 特征

随着信息科学和技术的发展，海洋大数据时代已经到来。海洋遥感大数据是海洋大数据的重要支柱，具有显著而独特的海量（volume）的数据规模、多样（variety）的数据类型、快速（velocity）的数据流转和巨大的信息价值（value）的"4V"特点，以及强关联（high correlation）、高耦合（high coupling）、高变率（high diversification）、多层次（hierarchy）和高规律（high regularity）的"5H"特征。

1. "4V"特点

（1）海量的数据规模。随着各种卫星平台观测设备的稳定运行，多光谱、高频度、大覆盖的海洋遥感数据持续扩大，数据规模从 GB、TB 到 PB 量级，呈指数级增长。

（2）多样的数据类型。可遥感的海洋环境参数数据种类越来越多，既包括叶绿素 a、悬浮物和透明度等海洋水色要素，也包括温、盐、流等海洋动力要素，还包括锋面、中尺度涡等海洋现象等类型。

（3）快速的数据流转。遥感观测的瞬时海洋环境具有强时效性，迫使遥感信息提取具有快速的处理速度，且遥感数据应用具有极快的分析速度。

（4）巨大的信息价值。海洋遥感数据蕴涵巨大信息，在海洋渔场、近海水质、海洋生态、海洋工程、海洋灾害和海洋军事等方面都具有巨大应用潜力和挖掘价值。

2. "5H"特征

（1）强关联。海洋遥感大数据具有明确的时空属性特征和意义，多源数据、多要素数据之间更是存在时间和空间上的相互关联。

（2）高耦合。海洋环境要素之间有着各种复杂的相互作用，相互之间存在着强耦合性，如可见光扫描仪观测的水色三要素、微波散射计、高度计和辐射计获知的海洋风浪场等。

（3）高变率。海洋是瞬息万变的，同类海洋卫星观测在同一地点、不同时间都在不断地变化，海洋环境要素不断发生相互作用，产生了变化的海洋环境和海洋现象。

（4）多层次。海洋具有四维的结构特征，多种探测平台在不同遥感探测机制下获知的海洋环境要素，存在深度、覆盖区域和时间上的差异。

（5）高规律。从宏观上看，海洋水体环境、动力环境、海洋生态环境等都存在着月、季、年、年代际等周期性的变化，导致海洋遥感数据观测上也存在着多周期叠加的规律。

参 考 文 献

安太天, 朱庆林, 武文, 等, 2020. 基于陆海统筹的海岸带国土空间规划研究. 海洋经济, 10(2): 44-51.

丁静, 2005. 基于神经网络的二类水体大气修正与水色要素反演. 青岛: 中国海洋大学.

傅克忖, 曾宪模, 任敬萍, 等, 1999. 由现场离水辐亮度估算黄海透明度几种方法的比较. 黄渤海海洋, 2: 19-24.

何贤强, 2002. 利用海洋水色遥感反演海水透明度的研究. 杭州: 国家海洋局第二海洋研究所.

何宜军, 2002. 高度计海洋遥感研究与应用. 北京: 科学出版社.

贾永君, 林明森, 张有广, 2015. 自主海洋卫星遥感技术进展与发展方向. 海洋技术学报, 34(3): 21-25.

蒋兴伟, 2008. 海洋遥感导论. 北京: 海洋出版社.

林明森, 张有广, 袁欣哲, 2015. 海洋遥感卫星发展历程与趋势展望. 海洋学报, 37(1): 1-10.

刘茜, David G R, 2008. 基于高光谱数据和 MODIS 影像的鄱阳湖悬浮泥沙浓度估算. 遥感技术与应用, 1: 7-11, 119.

潘德炉, 白雁, 2008. 我国海洋水色遥感应用工程技术的新进展. 中国工程科学(9): 14-24, 46.

潘德炉, 龚芳, 2011. 我国卫星海洋遥感应用技术的新进展. 杭州师范大学学报(自然科学版), 10(1): 1-10.

潘德炉, 林明森, 毛志华, 等, 2017. 海洋遥感基础及应用. 北京: 海洋出版社.

邬国锋, 崔丽娟, 纪伟涛, 2009. 基于时间序列 MODIS 影像的鄱阳湖丰水期悬浮泥沙浓度反演及变化. 湖泊科学, 21(2): 288-297.

杨一鹏, 王桥, 王文杰, 等, 2004. 水质遥感监测技术研究进展. 地理与地理信息科学(6): 6-12.

张杰, 2004. 合成孔径雷达海洋信息处理与应用. 北京: 科学出版社.

张正斌, 2004. 海洋化学. 青岛: 中国海洋大学出版社.

Binding C E, Bowers D G, 2003. Measuring the salinity of the Clyde Sea from remotely sensed ocean colour. Estuarine, Coastal and Shelf Science, 57(4): 605-611.

Buckton D, O'Mongain E, 1999. The use of neural networks for the estimation of oceanic constituents based on the MERIS instrument. International Journal of Remote Sensing, 20(9): 1841-1851.

Carder K L, Chen F R, Cannizzaro J P, et al., 2004. Performance of the MODIS semi-analytical ocean color algorithm for chlorophyll-a. Advances in Space Research, 33(7): 1152-1159.

Doxaran D, Cherukuru N, Lavender S J, 2006. Apparent and inherent optical properties of turbid estuarine waters: Measurements, empirical quantification relationships, and modeling. Applied Optics, 45(10): 2310-2324.

Lee Z, Carder K L, Chen R F, et al., 2001. Properties of the water column and bottom derived from airborne visible infrared imaging spectrometer (AVIRIS) data. Journal of Geophysical Research: Oceans, 106(C6): 11639-11651.

Lee Z, Carder K L, Hawes S K, et al., 1994. Model for the interpretation of hyperspectral remote-sensing reflectance. Applied Optics, 33(24): 5721-5732.

Long D G, Mendel J M, 1991. Identifiability in wind estimation from scatterometer measurements. IEEE Transactions on Geoscience and Remote Sensing, 29(2): 268-276.

McMillin L M, 1975. Estimation of sea surface temperatures from two infrared window measurements with different absorption. Journal of Geophysical Research, 80(36): 5113-5117.

Minnetta P J, Alvera-Azcárate A, Chin T M, et al., 2019. Half a century of satellite remote sensing of sea-surface temperature. Remote Sensing of Environment, 233: 111366.

Morel A, 1980. In-water and remote measurements of ocean color. Boundary-layer Meteorology, 18(2): 177-201.

Prasad K S, Bernstein R L, Kahru M, et al., 1998. Ocean color algorithms for estimating water clarity (Secchi Depth). Journal of Advanced Marine Science and Technology Society, 4(2): 301-306.

Wang F, Xu Y J, 2008. Development and application of a remote sensing-based salinity prediction model for a large estuarine lake in the US Gulf of Mexico coast. Journal of Hydrology, 360(1-4): 184-194.

Watson K, 1992. Spectral ratio method for measuring emissivity. Remote Sensing of Environment, 42(2): 113-117.

第2章　海洋遥感大数据信息生成技术

2.1　遥感产品的质量控制

遥感产品的质量控制是确保数据准确性、一致性和可靠性的过程，也是进行后续分析和应用的基本前提。在测量时必然会产生各式各样的误差：系统偏差（systematic errors，要么偏高，要么偏低）；随机误差（random errors，与测量无关，可能导致偏高或偏低于真值，总体上相互抵消）；粗差（rough errors，因仪器测量故障或数据计算处理产生的问题，是质量控制的重点）。这些误差降低了数据质量，影响数据的分析结果和进一步使用。对遥感系统而言，误差又可分为遥感观测误差和反演算法误差（张文建 等，1992）。遥感观测误差是指遥感探测过程中由各种原因（如仪器噪声、定标误差等）而造成的探测辐射与实际值之差，这可能带来上述三种误差，只有靠提高遥感探测技术才能使之减少。反演算法误差是指不同算法反演结果与精确解之差。质量控制就是要把异常（误差超过要求范围）数据剔除，从而提高数据可信度。一方面，使用未经质量控制的异常数据可能导致无效甚至错误的结论；另一方面，如果把本身是有效的奇异值剔除，则可能错过一些重要的观测现象。因此，质量控制的任务除了剔除那些明显的错误值，还要准确识别那些表面上落在合理范围内的异常值，同时保留那些表面上异常，而实际真实存在的观测值，以避免或减少做出错误的判断。常见的一些质量控制措施和方法如下。

（1）数据预处理：对原始遥感数据进行预处理是确保质量的第一步。这包括大气校正、辐射校正、地形校正等，以消除传感器、大气和地形等因素对数据的影响。

（2）定标和验证：通过定标过程，将遥感数据与地面实测数据进行比对，验证数据的准确性。这可以通过地面观测站、浮标、船舶等实地观测手段进行。

（3）数据一致性检查：在生成遥感产品之前，需要对数据进行一致性检查。这包括检查数据的时空覆盖范围、分辨率、坐标系统等是否一致，并进行必要的纠正和调整。确保遥感产品在时间和空间上的一致性非常重要。这需要考虑数据的时间分辨率和空间分辨率，并进行合理的插值、平滑和时序一致性校正等处理。

（4）精度评估：通过与独立的参考数据进行比较，评估遥感产品的精度。这可以通过与现场测量数据、其他遥感数据源或模拟模型结果进行对比来完成。

（5）不确定性估计：对遥感产品的不确定性进行评估和传认是重要的质量控制措施。不确定性估计可以通过传感器特性、观测条件和数据处理方法等进行。

（6）产品标准化：制定和遵循统一的产品标准和规范，确保产品生成和发布的一致性和可比性，包括数据格式、元数据、坐标系统、投影等方面的标准化。遥感产品应具有清晰的数据格式和详细的元数据，如数据来源、处理过程、质量评估指标等。这有助于其他用户了解数据的可信度和适用性。

（7）定期更新和监测：海洋遥感产品的质量控制应该是一个持续的过程，应定期更新和监测数据，并根据实际需要进行修正和改进，以确保数据的持续质量。

质量控制措施的具体实施取决于遥感产品的类型和应用领域。在海洋遥感产品的开发和使用中，合理的质量控制流程和方法可以提高数据的可信度和可靠性，促进海洋科学研究和应用的进展。下面以海表温度（sea surface temperature，SST）为例，详细介绍卫星遥感产品的质量控制流程。

对于卫星红外遥感反演 SST，云污染（薄卷云，像元里包含部分云的亚像元）和环境影响（海表温度快速变化区域，如近岸、沙尘、火山灰、低雾）是主要的反演误差来源。SST 的质量控制主要是基于其时空分布上的连续性和一致性（Tu et al.，2013）。SST 质量控制流程如图 2.1 所示。

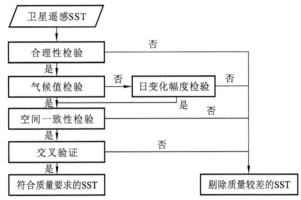

图 2.1　SST 质量控制流程图

2.1.1　合理性检验

首先进行合理性检验，剔除明显错误的数据。有些遥感海表温度资料上的值不全是卫星传感器测量的记录值，而是为了数据产品的完整性添加的，这部分无效值在输入的时候要剔除。此外，剔除明显不合理值，如世界大洋的气候态 SST 介于-2～32℃。对 2016 年 1 月～2022 年 12 月研究区内（如南海）所有原位观测的海表温度数据进行统计，发现研究区的 SST 介于 14～32℃，若考虑卫星遥感存在一定的误差，可以设定遥感 SST 的合理范围在 13～33℃。

2.1.2　气候值检验

图 2.2 所示为基于原位观测统计的海表温度直方图分布。由于海表温度主要受太阳辐射往返运动、周而复始变化影响，同一位置、一年中同一天的海表温度应该是稳定、变化不大的。图 2.3 统计了 1982～2022 年的最佳插值海表温度（optimum interpolation sea surface

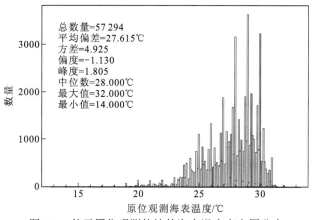

总数量=57 294
平均偏差=27.615℃
方差=4.925
偏度=−1.130
峰度=1.805
中位数=28.000℃
最大值=32.000℃
最小值=14.000℃

图 2.2　基于原位观测统计的海表温度直方图分布

temperature，OISST）融合海表温度每天（如 3 月 9 日）的平均值 SST_{mean} 和标准偏差 SST_{std}。以此为参考，设 $SST_{mean}-3SST_{std}$ 为 SST 下限，$SST_{mean}+3SST_{std}$ 为 SST 上限，当气候态海表温度的变化遵循正态分布时，99.87%的观测值会落在此检测区内。落在该检测区内的海表温度直接进入空间一致性检验，否则还需进行日变化幅度检验。

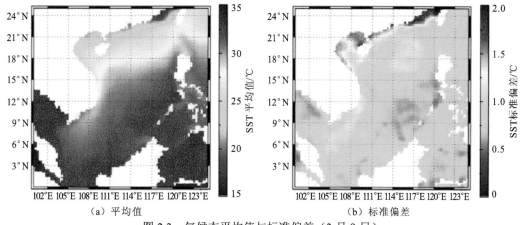

（a）平均值　　　　　　　　　　　　　　　　（b）标准偏差

图 2.3　气候态平均值与标准偏差（3 月 9 日）

2.1.3　日变化幅度检验

为了避免将一些真实存在的、较大日变化的海表温度剔除，对落在气候值检验范围之外的海表温度还要进行日变化幅度检验。日变化幅度可由通用海洋湍流模型（general ocean turbulence model，GOTM）估计得到。如果观测超出气候值的幅度但小于日变化的幅度，则进入下一步空间一致性检验，否则直接剔除。这一方法对高频的静止卫星红外遥感 SST 异常值检验十分重要。

2.1.4　空间一致性检验

在一定时间内，晴空下 SST 在空间也是均匀分布、渐变的，其 $n \times n$ 窗口内的标准偏差也较小。计算观测值与参考值（取最大最小值的平均）之差的 3×3 像元窗口的均方根误差，记为 stdsst。对于晴空海面，3×3 像元的均方根误差很小，当窗口内出现云像元时则 stdsst 会突然变得很大，应剔除。根据多次的试验，同时为避开锋面强梯度区的误判，stdsst 可适当取大一点，为 1。

2.1.5　交叉验证

对于某些长时间、大范围被云覆盖的红外遥感 SST，上述时空连续性检验效果可能不好，可借助微波遥感数据进行交叉验证，以进一步排除一些受薄云污染的或其他异常像元。取一天内红外、微波遥感的海表温度的中值进行空间插值（如克里金插值），作为参考场，根据两者的差值进行检验。传统的均值加减 3 倍标准差作为阈值的方法容易受到异常值的影响，特别是当异常值比较多的时候。本小节使用四分位稳健标准差（robust standard deviation，RSD）统计法剔除异常值，可以避开某些极端异常值的影响。四分位法的稳健标准差计算方法如下：

$$RSD = (\Delta T_{3rd} - \Delta T_{1st}) / S \qquad (2-1)$$

式中：ΔT_{3rd} 为 3/4 分位的值；ΔT_{1st} 为 1/4 分位的值；对于标准正态分布，S 取 1.348（Dash et al.，2010）。将观测场与参考场差值升序排列，如果 SST 大于中值+4RSD 或者小于中值−4RSD，则认为是异常值，予以剔除。

根据上述质量控制的方法，图 2.4 给出了 2020 年 3 月 9 日 VIIRS L3 SST 质量控制前后的分布图。质量控制前仍存在部分异常值，这些异常值看起来离散不连续，与周围像元相比存在突变；经过质量控制后，大部分的异常值基本被剔除，海表温度的分布看起来更加合理。

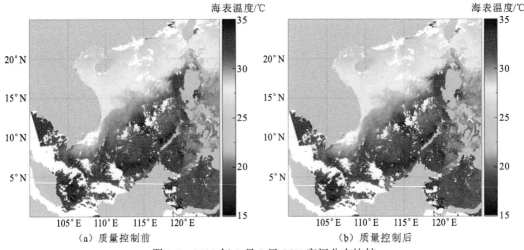

图 2.4　2020 年 3 月 9 日 SST 空间分布比较

图 2.5 进一步给出了质量控制前后 VIIRS（记为 SAT）与参考场（记为 REF）差值的直方图分布及统计信息。质量控制前，总共有 815 578 个 VIIRS 像元，存在较大的偏差，经过质量控制后，剔除 2049 个异常像元，平均偏差由 0.662 降低到 0.654，方差由 0.580 降低到 0.554，偏度和峰度也都有所下降，可见这些异常值所占的比例虽然很小（约 0.25%）

仍应给予剔除。理想情况下，随机误差应该满足正态分布，这里负偏差仍然较正偏差多，可能由两方面的原因造成：①部分的 VIIRS 异常值仍未剔除，质量控制方法还有待提高；②作为参考的 OSTIA SST 本身也存在一定的偏差。

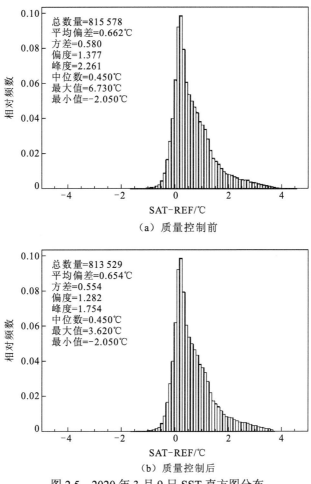

（a）质量控制前

（b）质量控制后

图 2.5　2020 年 3 月 9 日 SST 直方图分布

2.2　时空信息校正

2.2.1　海洋遥感产品的日变化校正

海洋环境按其变化的快慢可分为基本稳定型、缓慢变化型、显著变化型、迅速变化型和瞬间变化型。以往受卫星观测频率的限制，海洋遥感产品及其融合资料多用于基本稳定型、缓慢变化型等海洋现象和过程的研究，而对时间尺度在几天到小时甚至分、秒的范围内高频变化海洋现象的过程监测和研究（如海洋中水团的湍流运动和对流过程等）则经常失效。

近年来，随着静止气象卫星、海洋卫星技术的不断发展，高频卫星遥感资料日渐丰富，如何融合不同时空尺度的多源卫星遥感资料，生成海洋遥感环境背景场信息，是实现遥感业务化应用的关键。首先应针对不同物理量分析其时空变化规律，在此基础上建立一系列的经验模型或物理模型，将多源数据校正到同一时空基准再进行融合。下面以海表温度为例进行阐述。

1. 经验模型

自 20 世纪 70 年代以来，国内外已发展了各类海表温度的日变化经验模型，这些模型一般是建立在海面风速和太阳辐射强度等气象数据的基础上，用于估计海表温度的日振幅或日循环变化（表 2.1）。本小节对比较常用的 Gentemann 模型（记为 CG03 模型）和 Stuart-Menteth 模型（记为 ASM 模型）的敏感性进行分析。

表 2.1　SST 日内变化经验模型的输入输出

模型 （参考文献）	输入					输出
	风速/（m/s）	短波辐射 /（W/m²）	降水 /（mm/h）	潜热 /（W/m²）	云量 /%	
Lukas（1991）	$U_{0\sim24h}$	—	—	—	$C_{f,0\sim24h}$	ΔT_{peak}
Webster 等（1996）	$U_{0\sim24h}$	$Q_{sw,12h}$	$P_{0\sim24h}$	—	—	ΔT_{peak}
Kawai 等（2003）	$U_{0\sim24h}$	$Q_{sw,0\sim24h}$	—	$Q_{lat,0\sim24h}$	—	ΔT_{peak}
Gentemann 等（2003）	$U(t)$	$Q_{sw,0\sim24h}$	—	—	—	$\Delta T(t)$
Stuart-Menteth 等（2005）	$U_{0\sim6h}$，$U_{8\sim12h}$ $U_{12\sim15h}$，$U_{16\sim24h}$	$Q_{sw,6\sim12h}$ $Q_{sw,12\sim18h}$	—	—	—	$\Delta T(t)$
Filipiak 等（2012）	$U(t)$	$Q_{sw,t}$	—	$Q_{lat(t)}$	—	$\Delta T(t)$

1）CG03 模型

Gentemann 等（2003）提出了随不同时间风速和辐射强迫变化的第二代日变化经验模型（记为 CG03 模型）。建模的数据来自 13 年的 AVHRR SST 数据和 4 年的 TMI SST 数据，并以 OISST 作为参考温度。升轨的 AVHRR 在赤道的过境时间是地方时下午 1:40 左右，随着卫星仪器的衰老，过境时间略有延迟。同时，红外遥感受云的影响，因此，AVHRR 的时空覆盖度有一定的限制。相比而言，微波 TMI 每天的过境时间是变化的，可以在 23 天内覆盖一个日周期，同时不受云的影响，可以用来解析海表温度的日变化规律。模型只需输入大气顶的日平均太阳辐照度、风速及地方时：

$$\begin{cases} \Delta T_{CG03}^{TW} = f_1(t)[(Q-Q_0^t)-9.632\times10^{-4}(Q-Q_0^t)^2]e^{-0.53u}, \quad Q \geqslant Q_0^t \\ f_1(t) = [6.814 - 6.837\cos(\omega_1 t) - 8.427\sin(\omega_1 t) + 1.447\cos(2\omega_1 t) + 4.274\sin(2\omega_1 t) \\ \quad\quad - 0.407\cos(3\omega_1 t) - 0.851\sin(3\omega_1 t) + 0.457\cos(4\omega_1 t) - 0.555\sin(4\omega_1 t) \\ \quad\quad - 0.101\cos(5\omega_1 t) + 0.375\sin(5\omega_1 t)] \times 0.001 \\ \omega = 0.2668\,\text{h/r}; \quad Q_{0.}^t = 132\,\text{W/m}^2 \end{cases} \quad (2\text{-}2)$$

$$
\begin{cases}
\Delta T_{\text{CG03}}^{\text{PF}} = 0.344 f_2(t)[(Q - Q_0^p) - 1.444 \times 10^{-4}(Q - Q_0^p)^2]\mathrm{e}^{-0.2u}, \quad Q \geqslant Q_0^p \\
f_2(t) = [3.611 - 2.051\cos(\omega t) - 3.707\sin(\omega t) + 0.102\cos(2\omega t) + 1.217\sin(2\omega t) \\
\quad\quad - 0.074\cos(3\omega t) - 0.144\sin(3\omega t) + 0.014\cos(4\omega t) - 0.016\sin(4\omega t) \\
\quad\quad - 0.027\cos(5\omega t) + 0.025\sin(5\omega t)] \times 0.001 \\
\omega = 0.2652 \ \text{h/r}; \quad Q_0^p = 88 \ \text{W/m}^2
\end{cases}
\tag{2-3}
$$

式中：日平均的晴空太阳辐照度 Q 是纬度和时间的函数（Liou，2002）。在弱太阳辐射或高风速条件下，遥感 SST 日变化几乎消失，模型的值取 0。前人模型中的日变化与风速的关系多使用对数形式，CG03 模型则认为指数模型可以更好地拟合观测数据，并且当风速为 0 时不会出现奇异值，当风速很大时指数项趋近 0。CG03 模型能够抓住影响日变化的几个主要因素，利用较容易获得的日均风速和太阳辐射估计海表温度的日变化情况，具有一定的可靠性。

对 CG03 模型的敏感性进行分析，如图 2.6 所示。从图中可以看到模拟的海表温度变化随地方时的变化趋势基本是固定的，夜间冷却值接近 0，从 9 时开始增温，在 14 时左右达到最大值。日变化幅度同风速存在负指数递减的关系，当风速超过 6 m/s 以后，变化幅度在 0.5 ℃以内。只有当太阳辐射达到一定强度以后才会出现显著的日变化，不同风速条件下的临界点不同。在同一风速条件下随着太阳辐射的不断增强，增温速率变缓。

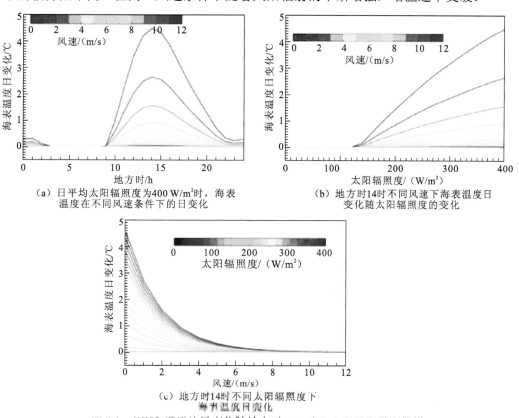

（a）日平均太阳辐照度为 400 W/m²时，海表温度在不同风速条件下的日变化

（b）地方时 14 时不同风速下海表温度日变化随太阳辐照度的变化

（c）地方时 14 时不同太阳辐照度下海表温度日变化

图 2.6 CG03 模拟的日变化随地方时、风速和太阳辐照度的变化

CG03 模型仅输入日平均风速及太阳辐照度，其中太阳辐照度可根据经纬度及时间计算得到。这样简化，目的是便于实际操作，但代价就是模型过于简化，估计的海表温度日

变化精度不高，特别是在环境比较复杂的海域。模型仅考虑海表温度随地方时的变化，对于一些中高纬度存在明显季节变化的区域（随季节变化，昼夜长度发生变化）可能存在偏差。模型计算的太阳辐照度的是晴空状况下的，而云也会通过散射掉部分短波辐射，对日变化产生影响。当云覆盖时，利用微波 TMI SST 进行日变化建模也会带来低估。此外，风驱动的混合可以迅速消除海表面的日升温，甚至出现逆转，当风消失以后，日变化层又迅速恢复。因此，使用日平均风速进行建模也不够准确。

2）ASM 模型

CG03 模型仅使用瞬时海面风速，但日变化幅度可能更容易受前面一段时间（几十分钟）的风速和太阳辐照的影响（即存在滞后效应），因此 Stuart-Menteth 等（2005）建立的模型（记为 ASM 模型）包含了历史数据，以改善日变化的估计精度，利用伍兹霍尔海洋研究所两个改进的浮标观测到 200 多个日变化事件，并用于构建日变化模型。两个浮标分别分布在阿拉伯海（61.5°E，15.5°N）和太平洋暖池（156°E，1.5°S），其中，阿拉伯海浮标测量的是表层 0.17 m 的温度，太平洋暖池浮标测量的是表层 0.45 m 的温度，以及风速、气压、相对湿度等相关气象信息。通过参数模型可将不同深度的表层观测转化到次皮肤层温度（Fairall et al.，1996）。ASM 模型将一天内海表温度的变化分为 4 个时段，如图 2.7 所示，早晨冷却（00：00～最低温出现时刻），上午增温（最低温出现时刻～12：00），午后增温/冷却（12：00～t_{pm}），夜间冷却（t_{pm}～24：00）。其中，t_{pm} 默认是 17：00，若 1 m 深的海表温度峰值时间早于 14：30，则 t_{pm} 变为 $t_{max}+(t_{max}-12：00)$，t_{max} 为最高温出现时刻。

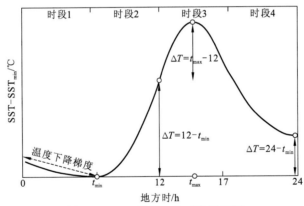

图 2.7　ASM 模型 4 个时段示意图

ASM 模型利用了一天中 4 个时段的风速和白天两个时段的太阳短波辐射来估计一天的次皮肤层和 1 m 深度处海表温度日变化情况。图 2.8（a）和（b）给出了风速为 2 m/s 时，次皮肤层和 1 m 深度处在不同太阳辐照度下海表温度日变化随地方时的变化。次皮肤层的最大振幅约为 4.5℃，1 m 深度处的振幅约为 3℃。随着太阳辐射的增大，日增温开始的时间提前，同时达到最大值的时间略有推迟。这在物理上也是容易理解的，当入射的太阳辐射大于海洋的散热（如长波辐射、潜热和感热等）时，海洋表层开始增温，直到太阳辐射达到峰值后开始下降，当太阳辐射值小于海洋散热后开始冷却。图 2.8（c）和（d）给出了 5 m/s 和 8 m/s 条件下次皮肤层在不同太阳辐照度下海表温度日变化随地方时的变化。日循环的规律与风速为 2 m/s 时类似，只是振幅小得多。

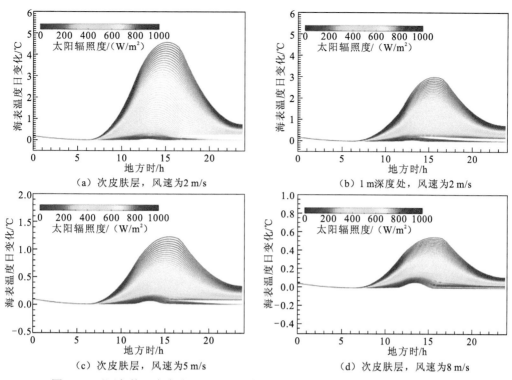

（a）次皮肤层，风速为2 m/s

（b）1 m深度处，风速为2 m/s

（c）次皮肤层，风速为5 m/s

（d）次皮肤层，风速为8 m/s

图 2.8　不同条件下次皮肤层和 1 m 深度处海表温度日变化随地方时的变化曲线

把地方时固定在 14∶00，分析 ASM 模拟的次皮肤层和 1 m 深度处海表温度日变化与风速和太阳辐照度的关系，如图 2.9 所示。

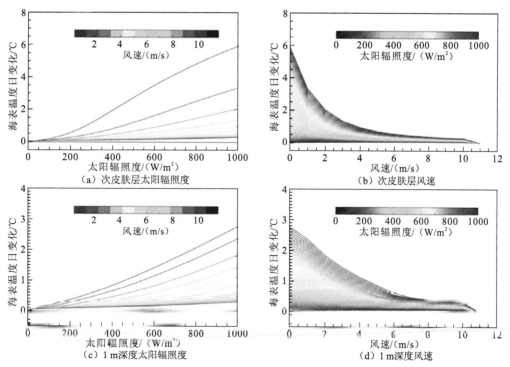

（a）次皮肤层太阳辐照度

（b）次皮肤层风速

（c）1 m深度太阳辐照度

（d）1 m深度风速

图 2.9　地方时 14 时不同条件下的次皮肤层和 1 m 深度处海表温度日变化

同一深度的海表温度，风速越低、太阳辐射越强，日变化幅度越大。同一风速和太阳辐射强度，次皮肤层的日变化比 1 m 深度处更加显著。虽然 ASM 模型在模拟大洋次皮肤层和 1 m 深度海表温度日变化的精度已通过实测数据的验证，但是在模拟研究区皮肤层的日变化的效果并不理想，这主要是由于其建模的数据仅来自大洋的几个浮标数据。此外，次皮肤层与皮肤层之间的海表温度日变化也存在差异，这些仍有待于进一步讨论。

总之，上述两个经验模型仅考虑风场和太阳短波辐射等气象要素对海表温度日变化的影响，没有考虑昼夜长度的随季节的变化，对日落以后的日变化估计必然存在偏差，也没有考虑海洋混合层深度变化和透明度等水色特征对日变化的影响，对于近海水环境复杂多变区域的日变化估计也将存在较大偏差。

2. 理论模型

理论模型不受时间和海域限制，具有较好的普适性。常用一维理论模型进行 SST 剖面日内变化模拟，因为一般的三维海洋环流模式受垂向分辨率限制，难以获得超高垂向分辨率的 SST 剖面。一维理论模型可分为块体模型和扩散模型两大类。块体模型是 SST 模拟的常用模型，它通过动量和浮力效应来调整整个混合层热量和动量积分的平衡，其中 PWP（Price-Weller-Pinkel）模型（Price et al.，1986）最为经典。PWP 模型认为在太阳辐射加热、长波辐射冷却和风致混合共同作用下，在海洋上混合层会形成一个增温层，其温度和深度可通过表面热通量和淡水通量估算。但是，PWP 模型需要输入较多参数，有些参数不易获得，且估计结果偏高。在实际应用中常需对 PWP 模型进行简化，如假设增温层的温度剖面呈线性变化，且表面通量及动量均被限制在该层。尽管块体模型较一般的经验模型有了更多的物理依据，但其简化了剖面结构，且未考虑扩散和剪切作用。

扩散模型主要通过对混合层的湍流混合和扩散过程进行参数化来模拟，在一定程度上弥补了块体模型的不足。模型早期通过将湍流理论扩展到层结流体，建立湍流闭合模型，并利用观测将三阶模型简化为 2.5 阶模型，但计算仍较为复杂。随后模型通过对风驱动混合、表面浮力通量和对流不稳定进行参数化，较好地刻画了从海洋边界层到海洋内部混合系数减小的特点。基于波流耦合模型，假定波致混合项为波数谱的函数，引入波浪运动对环流速度、温度和盐度的混合作用，对上层海洋温度的模拟有所改善（Qiao et al.，2004）。最近，凌铁军团队发展了一个模拟 SST 的日内变化特征的一维海洋混合层模型，在此基础上生成一套时间跨度为 1982～2012 年、全球覆盖、空间分辨率为 0.3°×0.3° 的逐时 SST 数据集（Li et al.，2018）。

通用海洋湍流模型（general ocean turbulence model，GOTM）在模拟 SST 剖面日内变化的效果和效率都明显优于一般的块体模型和其他湍流闭合模型（Pimentel et al.，2019）。GOTM 已被用于地中海 SST 日内变化的模拟研究中（Karagali et al.，2017）。GOTM 的核心在于应用适合的湍流通量模型求解关于运动的动量方程、温度和盐度守恒方程。GOTM 的优势就是集成了大量经过测试的湍流模型，这些模型涵盖从简单的湍流扩散到解多个偏微分方程的复杂雷诺应力模型，可模拟表层 SST 的垂直精细分布。GOTM 自 1999 年发布以来经过不断地发展和完善，现在已形成以 GOTM 为基础，包含泥沙输运和海草等生态模块的生物地球模型。

GOTM 采用模块化设计，主要有运行主控、平均流、海-气通量交换、湍流扩散和输出等基本模块，此外还包括一些附加模块，如沉积物、海草等。其中海-气通量模块主要用于计算海气之间的热量、动量和淡水通量交换，以及太阳短波辐射，是影响海表温度日变化的关键模块。其中，表面热通量 Q_{tot} 为潜热通量 Q_E、感热通量 Q_H 和长波回辐射 Q_B 三部分之和，一般是作为模式边界条件。GOTM 提供两种表面热量和动量的输入方式：预定义（输入常数或者数据文件，如相应的再分析产品）和基于标准气象要素的估算。标准气象要素包括海表温度（可以是观测，也可以是模式的，单位为℃）、10 m 高度处的风矢量（单位为 m/s）、海面 2 m 处的气温（单位为℃）、相对湿度（单位为%，或者露点温度，单位为℃）。利用这些气象要素，GOTM 有 Kondo（Kondo, 1975）和 Fairall（Fairall et al., 1996）两种计算热通量和动量的参数化方法可供选择。本小节使用 ERA5 的标准气象数据，基于Fairall 参数化方法估算海表通量和动量。

利用 GOTM 模拟我国近海近表层 SST 的剖面变化，发现其变化很快且十分复杂，同时对冷肤效应的模拟存在一定的高估，如图 2.10 所示。原因可能是 GOTM 采用的冷肤层模型是基于柯尔莫哥洛夫微尺度假设，但该假设不适用于厚度比黏性层小的皮肤层。此外，GOTM 自带的短波辐射穿透和长波辐射参数化方案建立在开阔大洋清洁水体基础上，未深入考虑近海海洋水色变化对海面反照率、短波辐射在水中的透过率和长波辐射发射率等影响。南海海域（特别是在近岸或者台风影响下）的水色环境存在复杂的变化过程，会直接影响海面反照率和短波辐射在水中的透射率，对水体长波辐射发射率的影响也不容忽视。可见，尽管通过数值模拟可以获得任意时刻、任意位置的 SST，但受模型本身的模拟能力和输入参数的时空分辨率、精度等因素影响，模拟结果仍存在一定的不确定性。

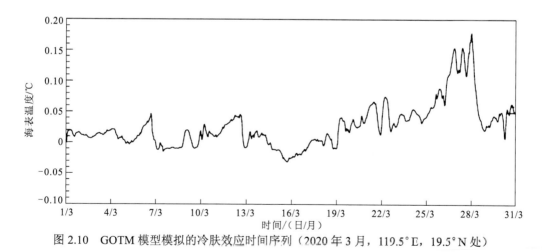

图 2.10　GOTM 模型模拟的冷肤效应时间序列（2020 年 3 月，119.5°E，19.5°N 处）

3. 时间融合

海洋环境变量在时间上是连续变化的，这是对不同时刻观测资料进行融合的理论基础。基于上述 SST 日变化模型可以模拟海表温度的日循环过程，实现不同时刻观测的海表温度的融合。GOTM 从影响 SST 日变化的海气热交换、海洋混合等物理机制出发，不受研究区域的限制，能有效克服经验模型适用性的不足。因此，采用 GOTM 模拟 SST 日变化，融合不同时刻观测资料的方法如下：

$$\mathrm{SST_{SAT}}j = \frac{\sum_{i=1}^{N}[\mathrm{SST_{SAT}}i + (\mathrm{SST_{GOTM}}j - \mathrm{SST_{GOTM}}i)]}{N} \qquad (2\text{-}4)$$

式中：$\mathrm{SST_{SAT}}$ 为卫星观测的海表温度；j 为归一化的目标时刻；i 为当天除 j 时刻外其他时刻的有效观测，共有 N 个（如果没有其他有效观测，即 $N=0$，那么也就无须进行校正）；$\mathrm{SST_{GOTM}}$ 为利用 GOTM 模拟的 SST 日变化信号，同样对应 i 和 j 时刻。例如对于极轨卫星遥感，一天有 2 次观测，当目标时刻之外还存在一次有效观测时 N 取 1；对于静止卫星遥感，一天有 24 次观测，当目标时刻之外还有 23 次有效观测时 N 取 23。

以 2020 年 3 月 9 日 Himawari 8 静止卫星遥感海表温度（图 2.11）为例，在融合之前由于受云、气溶胶和太阳耀斑等的影响，数据存在不同程度的缺失。幸运的是，静止卫星遥感的高频逐时观测，某个区域在这个时刻虽然受云等影响，但到了下一时刻或其他时刻，这种影响就会消除或转移，通过融合其他时刻数据，可以极大地提高数据的利用率。例如，00:00～5:00，广东福建沿海、南海南部（6°N 附近）海域存在大范围的数据缺失，但与其他时刻的有效观测融合后覆盖率得到大幅提高。进行时间融合后的结果如图 2.12 所示，也可以视为卫星遥感观测在时间上的无缝连接技术。本小节采用的 GOTM 基于海洋本身热力和动力变化过程，与传统的数学统计插值相比，物理意义明确。

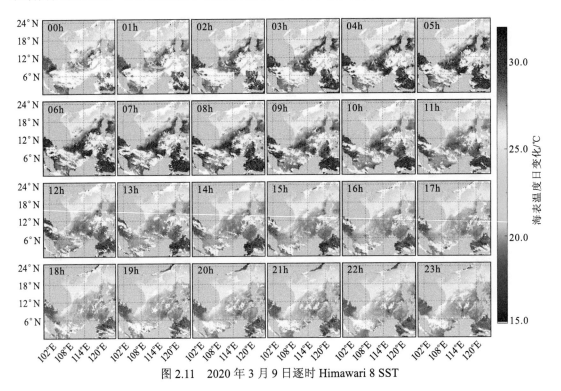

图 2.11　2020 年 3 月 9 日逐时 Himawari 8 SST

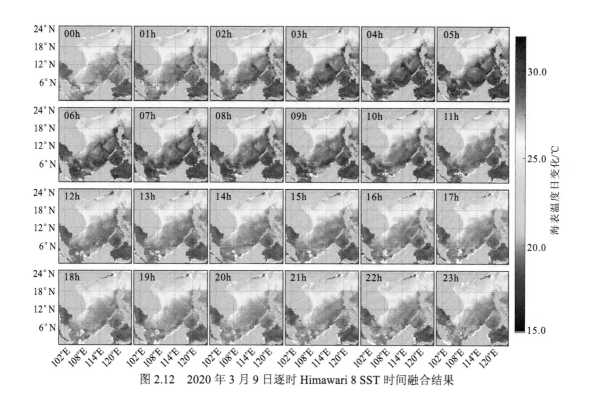

图 2.12　2020 年 3 月 9 日逐时 Himawari 8 SST 时间融合结果

2.2.2　海洋遥感产品的空间补缺

通过时间融合的遥感产品空间覆盖率有了较大提高，但仍存在部分缺测值，需要进一步利用有效观测的空间相关性进行插值才能得到空间全覆盖的分析产品。当前国内外已经发展了多种空间插值的方法对遥感产品中的缺测值进行填补。

最早用于缺测值填补的是逐步订正法（Gilchrist et al.，1954），其分析增量是由分析格点周围影响区域内观测增量的线性组合加权得到。这种方法的权函数主要根据经验确定，仅依赖于当前观测点到分析格点的距离，而与观测点的分布无关，缺乏理论基础。随后，在逐步订正法的基础上发展了最优插值（optimal interpolation，OI）方法（Gandin，1965），从此，数据融合有了数学统计理论的基础。Bretherton 等（1976）首次将最优插值理论应用到海洋数据分析中。尽管没有物理上的约束，但最优插值具有完美的数学形式，从统计上考虑了不同观测点相对位置变化对误差协方差的影响，简单易用，已成为当前海表温度融合的主要方法（Yang et al.，2015；Donlon et al.，2012；Guan et al.，2004；Reynolds et al.，1994）。其中，以 Reynolds 等（1994）制作的全球海表温度日平均和周平均分析产品 OISST 应用最为广泛，该方法将船测、浮标等常规海表温度观测数据和 AVHRR 的海表温度数据通过 OI 方法融合在一起。

然而，在实际应用中，为了减少计算量，最优插值通常仅选用分析点附近的资料来计算，往往存在一定的主观性。为了克服这些问题，人们又提出了三维变分（3-D Var）和卡尔曼滤波（Kalman filtering，KF）等方法。3-D Var 因变分求解目标泛函 J 而得名，可表示为

$$J(x) = \frac{1}{2}\langle x - x_{\mathrm{b}}, \boldsymbol{B}^{-1}(x - x_{\mathrm{b}})\rangle + \frac{1}{2}\sum_{i=1}^{N}\langle y_i - H_i(x), \boldsymbol{R}_i^{-1}(y_i - H_i(x))\rangle \qquad (2\text{-}5)$$

式中：x 为待求解的分析场；x_{b} 为 x 的背景场；$\boldsymbol{B}$ 为背景场误差协方差矩阵；y_i 为 N 种传感器中的第 i 种的观测值；$\boldsymbol{R}_i$ 为 i 类海表温度的观测误差的协方差矩阵；H_i 是观测算子。变分问题就是求使式（2-5）达到极小的分析值。在具体求解过程中，关键是如何获得 $\boldsymbol{B}^{-1}$、$\boldsymbol{R}^{-1}$，及明确其背后的物理意义，因为 $\boldsymbol{B}$ 将决定不同观测数据之间如何进行信息传递。当前普遍的方法是在对大量观测值分析的基础上，总结出误差协方差的分布规律（也称经验公式法）（Thiébaux et al.，2003）。此外，在气象领域，Bretherton 等（1976）提出的美国国家气象中心（National Meteorological Center，NMC）方法是利用同一时刻不同预报时效的预报值之差作为背景场误差。这些方法的方差估计尽管还存在一定偏差，但在低分辨率天气尺度的气象预报中是可以业务化运行的。但如果直接应用到高分辨率海表温度融合中，利用这些方法计算得到的 $\boldsymbol{B}$ 维数仍然很大，很难实现业务化运行。把 $\boldsymbol{B}$ 进行分解、简化、融合，得到加利福尼亚沿岸的 SST 数据集，其时间分辨率为 6 h，空间分辨率为 6 km，精度约为 1 ℃，仍有待提高（Chao et al.，2009）。

针对随机信号过程的状态估计提出的标准 KF 方法是 OI 向时间维的自然推广（Kalman，1960）。KF 根据上一时刻得到的最优估计，得出状态的一步预测及预测误差协方差矩阵，计算增益矩阵，然后利用当前时刻新增观测对一步预测进行修正，同时给出滤波的误差协方差矩阵，并输入下一时刻的计算，如此迭代循环。然而其计算太大，并且受模型不正确、噪声不明、计算机舍入截断误差等因素影响（胡致强 等，1999）可能导致预测误差协方差矩阵趋于无穷大。对此，Evensen（1994）首次提出了集合卡尔曼滤波（ensemble Kalman filter，EnKF）的方法。EnKF 方法根据背景场和观测场的误差分布特征设计一系列不同的扰动，构成集合分析场，利用集合分析差异作为分析误差的统计样本进行分析，并对误差协方差矩阵进行估计，从而减小计算和存储代价，使 KF 真正用于海洋数据同化中。但是 EnKF 方法中集合数的选择也是个比较难解决的问题。

国内研究人员相继展开了卡尔曼滤波相关理论和方法的研究，并应用于海温的数据融合。黄思训等（2008）基于海温的缓慢变化特性，首先对卫星遥感 SST 的空间缺失部分采用克里金插值进行填补，同时认为海温是一个平稳的随机过程，进而利用卡尔曼滤波协调 SST 的自身变化的误差和插值误差特性，最后对插值与滤波后的海温进行数据拟合，实现海温补缺。王艳珍等（2010）将极轨卫星不同传感器、不同波段遥感反演的 SST 应用卡尔曼滤波法进行融合，但由于在融合之前未进行日变化校正，也没有考虑模型过程误差，融合结果具有很大的不确定性。

2.3 海洋遥感时空大数据生成

2.3.1 基于 DINEOF 的表层叶绿素 a 浓度时空大数据生成

基于可见光遥感的海洋水色卫星可提供较高空间分辨率（如 VIIRS 最高为 750 m，GOCI-II 为 250 m）的水色遥感产品，但由于可见光无法穿透云层到达海面，无法获得云覆盖的区域下的海洋水色信息，反演产品存在不同程度的缺失（宋晚郊 等，2022；张淼 等，2018）。此外，受极轨卫星观测刘幅和重访周期的限制，同一星下点无法实现逐日连续观测。因此开展缺失数据重构，构建时空连续覆盖海洋水色数据，是海洋遥感大数据生成的重要研究方向之一。

目前已经发展了多种数据处理方法进行数据重构，如最优插值法（Reynolds et al.，1994）、克里金插值法（Gunes et al.，2007）、经验正交函数分解（data interpolating empirical orthogonal function，DINEOF）方法（Alvera-Azcárate et al.，2005；Beckers et al.，2003）、奇异谱分析法（Kondrashov et al.，2006）、本征模态分解法（Gunes et al.，2007）等，其中 DINEOF 方法是目前较为有效的海洋遥感数据重构方法。本小节以 DINEOF 方法为例，使用 VIIRS 海表叶绿素 a 浓度数据介绍海表叶绿素 a 浓度时空大数据生成技术。

1. DINEOF 方法基本原理

DINEOF 方法是一种基于经验正交函数（empirical orthogonal function, EOF）的无需先验值、无参数、自适应的数据重构方法。DINEOF 方法通过经验校正来确定最佳 EOF 特征模态，从而实现缺失数据重建（Beckers et al.，2003）。Alvera-Azcárate 等（2005）在此基础上引入交叉验证集，允许建立 EOF 过程中的最优截断和对缺省值的估计误差。该方法不仅可以弥补数据图像中的缺失数据，去除噪声，还可以由最优截断产生的最重要模态得到反映出数据的整体状态和时间发展趋势的动态拟合图像（郭俊如，2015）。DINEOF 方法的基本原理如下。

设 $\boldsymbol{X}^{\circ}$ 为 $m \times n$ 维的二维矩阵，其中 $m > n$，每行表示某一空间位置点的时间序列值，每列表示某一时刻所有空间点的值，$\boldsymbol{X}^{\circ}$ 中包括一些缺测值（如卫星轨道未覆盖区、异常值等），使用 NaN 表示。

（1）计算 $\boldsymbol{X}^{\circ}$ 中有效数据的平均值 $\overline{\boldsymbol{X}^{\circ}}$，令 $\boldsymbol{X} = \boldsymbol{X}^{\circ} - \overline{\boldsymbol{X}^{\circ}}$；将随机抽取部分有效数据作为交叉验证集 $\boldsymbol{X}^{c}$（一般为有效数据总量的 1%），将其作为判断最优的保留模态数的标准，对 $\boldsymbol{X}^{\circ}$ 中处于交叉验证集中的位置同样赋值 NaN。

（2）将 $\boldsymbol{X}^{\circ}$ 中赋值为 NaN 的点用 0 替换，使缺失点的初始值为数据集的无偏估计值。令 $P = 1$。

（3）对 $\boldsymbol{X}^{\circ}$ 使用式（2-6）进行奇异值分解，得到最主要的前 P 个特征模态：

$$\boldsymbol{X}^{\circ} = \boldsymbol{U}\boldsymbol{S}\boldsymbol{V}^{\mathrm{T}} \tag{2-6}$$

式中：$\boldsymbol{U}$、$\boldsymbol{S}$、$\boldsymbol{V}$ 分别为分解后对应的空间特征模态、奇异值矩阵和时间特征模态。

（4）利用式（2-7）计算缺失点的数据：

$$\boldsymbol{X}^{\mathrm{re}}_{ij} = \sum_{t=1}^{P} \rho_t (\boldsymbol{u}_t)_i (\boldsymbol{v}_t^{\mathrm{T}})_j \tag{2-7}$$

式中：i, j 为矩阵 $\boldsymbol{X}$ 的空间与时间下标；$\boldsymbol{u}_t$ 为空间特征模态 $\boldsymbol{U}$ 的第 t 列；$\boldsymbol{v}_t$ 为时间特征模态 $\boldsymbol{V}$ 的第 t 列；ρ_t 为对应的奇异值，$t = 1, 2, \cdots, P$。

利用式（2-8）计算交叉验证集的重构值与原始值的均方根误差 R：

$$R = \sqrt{\frac{1}{N} \sum_{t=1}^{N} (\boldsymbol{X}^{\mathrm{re}}_t - \boldsymbol{X}^{c}_t)^2} \tag{2-8}$$

式中：N 为交叉验证集 X_t^c 的数据数。

（5）令

$$X^{re} = X + \Delta X \qquad (2-9)$$

式中：ΔX 为缺失点的修正矩阵。再使用式（2-6）对 X^{re} 进行奇异值分解，迭代步骤（4），直至均方根误差 R 收敛至阈值以下。

（6）令 $P = 2,3,\cdots,k_{max}$，重复步骤（3）～（5），计算出 P 相应的均方根误差 R^P。存在一个 P 值，令 R^P 最小，则取该 P 值作为最优的保留模态数 k，其中 k_{max} 为最大保留模态数，应考虑 X 的变化情况确定，通常满足 $k_{max} < n$。

（7）用 k 对应的重构矩阵 X^{re} 替换缺失点集合中的值，交叉验证集 X^c 的值用原始值替换，其余数据点的值仍为原始值，得到新的重构矩阵仍记为 X^{re}。令 $X = X^{re} + X^o$，X 为最终的重构结果矩阵。

DINEOF 方法是一种时空平滑方法，使用数量较少的几个最重要的特征模态来表征原始数据集，特征模态的重要程度由其解释原始数据中的总方差数决定。如果某个特征模态解释原始数据中的总方差比较小，则为小尺度信息，可能为原始数据中的噪声部分，其本质上是一种低通滤波器。DINEOF 方法重构结果的精度较高，但资料重构后对原始数据集中的中小尺度信息，特别是小尺度信息有一定的平滑效果（陈奕君，2020；丁又专，2011）。

2. 海表叶绿素 a 浓度时空大数据生成

用于生成叶绿素 a 浓度时空大数据的卫星遥感数据时间尺度如图 2.13 所示。使用美国国家航空航天局的海洋水色（Ocean Color）卫星分发的 2023 年 1 月 1～31 日 NOAA-20/VIRRS L3 级海表叶绿素 a 浓度数据，基于 DINEOF 方法开展缺失数据重构，数据空间分辨率为 9 km。2023 年 1 月 1 日的数据如图 2.14 所示，空缺值主要包括卫星轨道未覆盖区域、云遮挡区域和遥感反射率异常值等。

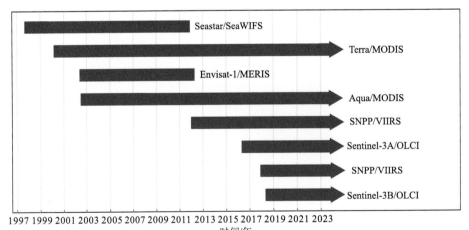

图 2.13　用于生成叶绿素 a 浓度时空大数据的卫星遥感数据

一般地，EOF 分解后的前 8 个模态的方差贡献率可达 90%以上，因此可认为前 8 个模态为主模态，反映海表叶绿素 a 浓度的绝大部分特征，即 $P = 8$，令 $k_{max} = 10$，容许的误差阈值为 5～10，重构结果如图 2.15 所示（以 2023 年 1 月 1 日为例）。除高纬度海域因海洋

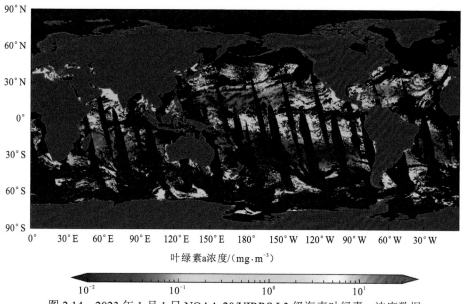

叶绿素a浓度/(mg·m⁻³)

10^{-2} 10^{-1} 10^{0} 10^{1}

图 2.14 2023 年 1 月 1 日 NOAA-20/VIRRS L3 级海表叶绿素 a 浓度数据

水色指数（ocean colour index，OCI）反演算法（Hu et al.，2012）不适用等原因外，中低纬度海域叶绿素 a 浓度产品空间覆盖完整，叶绿素 a 浓度分布连续，主要高值区集中在阿拉伯海、东中国海、亚马孙河、科罗拉多河、冈比亚河等大河口，因为丰富的陆源营养物质输入可使浮游植物大量繁盛。以长江口（30°N，123°E）为例，生成的产品在时间上亦是连续完整的（图 2.16），能有效反映叶绿素 a 浓度在时序上的动态变化过程。DINEOF 方法适用于海表叶绿素 a 浓度的时空大数据的生成。

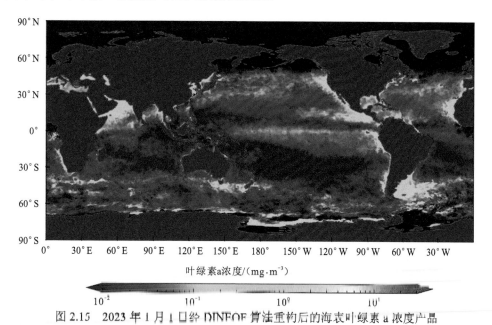

叶绿素a浓度/(mg·m⁻³)

10^{-2} 10^{-1} 10^{0} 10^{1}

图 2.15 2023 年 1 月 1 日经 DINEOF 算法重构后的海表叶绿素 a 浓度产品

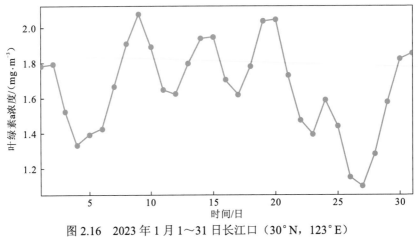

图 2.16　2023 年 1 月 1～31 日长江口（30°N，123°E）
经 DINEOF 算法重构后的海表叶绿素 a 浓度

2.3.2　基于时空权重的海面有效波高时空大数据的生成

高度计有效波高数据融合可以提高数据的时间和空间分辨率，为海洋预报提供初始场，对研究区域性、季节性海况变化具有重要意义。用于海洋卫星数据融合的算法较多，在分析各算法的基础上，最终采用反距离加权法和逐步订正法对多源卫星高度计的有效波高数据进行融合处理。

1. 反距离加权法

反距离加权法是目前最常用的空间插值方法，该方法认为：观测点离网格中心点越近，其值的贡献越大；距离越远，贡献越小。其计算公式为

$$Z_{ij} = \sum_{s=1}^{n} Z(x_s)W_s \bigg/ \sum_{s=1}^{n} W_s \qquad (2\text{-}10)$$

式中：Z_{ij} 为网格中心点 (i, j) 处的插值；$Z(x_s)$ 为网格点内第 s 个观测点的观测值；n 为网格内观测点的个数；W_s 为权重函数，其表达式为

$$W_s = (1/d_s^m) \qquad (2\text{-}11)$$

式中：d_s^m 为第 s 个观测点到网格中心点距离的 m 次方。

由式（2-10）可知，权重的确定是高度计数据融合的关键。反距离加权法中的权重与观测点到网格中心点的距离有关，由于地球是个旋转的椭球体，对卫星高度计数据而言不能简单地将该距离看作直线距离，需要计算地球椭球面上两点之间的距离。

如图 2.17（a）所示，在地球椭球面上任取一点 A，设纬度为 α，向赤道平面引垂线交于 A' 点。过 AOA' 的平面交地球于椭球面，则以该椭圆中心为圆心，OA' 为 X' 轴，原 Z 轴为 Y' 轴建立平面直角坐标系，如图 2.17（b）所示。

已知 A 点纬度为 α，即 $\angle AOA' = \alpha$，设 $OA = r(\alpha)$，则 $A'O = r(\alpha)\cos\alpha$，$AA' = r(\alpha)\sin\alpha$，即在平面直角坐标系 $X'OY'$ 中，A 点坐标为 $(r(\alpha)\cos\alpha, r(\alpha)\sin\alpha)$。设地球赤道半径为 a，子午线短半轴为 b，则椭圆方程为

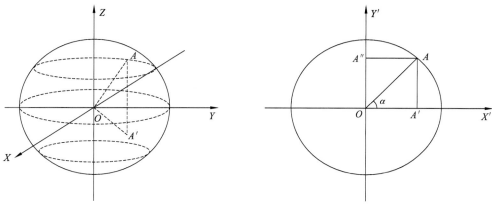

（a）地球椭球体三维坐标图　　　　（b）椭球面纵剖平面坐标

图 2.17　三维和平面坐标系

$$\frac{(x')^2}{a^2} + \frac{(y')^2}{b^2} = 1 \qquad (2-12)$$

由于 A 在此椭圆上，代入坐标可求得

$$r(\alpha) = \sqrt{a^2 b^2 - a^2 \sin^2 \alpha - b^2 \cos^2 \alpha} \qquad (2-13)$$

从而在地球北半球上任取两点 $A(\alpha_1, \beta_1)$、$B(\alpha_2, \beta_2)$，其中 α_1、α_2 为 A、B 两点的纬度，β_1、β_2 为 A、B 两点的经度。由于赤道半径与极地半径相差较小，在 A、B 相距不远的情况下，A、B 两点间的曲面距离可近似看作球面距离，为减小误差，球半径可取 A、B 两点与球心距离的平均值，即

$$\bar{r} = \frac{r(\alpha_1) + r(\alpha_2)}{2} \qquad (2-14)$$

当 A、B 相距较远时，可在 A、B 间的球面曲线上插入若干点，分别计算这些点之间的近似曲面距离，即球面距离，再求和，就可得到较准确的 A、B 间曲面距离值 S_{AB}。A、B 两点间的球面距离公式为

$$S_{AB} = \frac{\theta \pi R}{180} \qquad (2-15)$$

式中：$\theta = \arccos(\cos \alpha_1 \cos \alpha_2 \cos \beta + \sin \alpha_1 \sin \alpha_2)$；$\beta$ 为两点的经度差，$\beta = \beta_1 - \beta_2$；$R$ 为球面半径。将求得的球面半径 $\bar{r}$ 代入式（2-15）即可求得两点间的曲面距离，将求出的距离代入式（2-11）即可求出某观测点上的权重。

具体地，利用反距离加权法对多源卫星高度计数据进行融合的主要步骤如下。

（1）确定融合时网格大小，即空间分辨率。

（2）根据网格大小，获取网格中心点的坐标。

（3）根据一定的搜索条件获取该网格内所有卫星高度计有效波高观测值。

（4）计算所有观测值与网格中心点的距离，从而得到每个观测点的权重。

（5）将求得的权重代入式（2-10）即可求出该网格中心点上的有效波高估计值。

（6）重复步骤（1）～（5），得到所有网格中心点上的有效波高值。

（7）对结果进行滤波，得到最终的融合结果。

2. 逐步订正法

逐步订正法是通过用观测值与猜测场之差去订正第一次猜测场（初值）或前次猜测值，得到一个新的场，直到该场十分逼近观测场，即它们的均方差达到最小（Cressman, 1959）。其计算公式为

$$G_{ij} = F_{ij} + C_{ij} \tag{2-16}$$

式中：G_{ij} 为分析场；F_{ij} 为初值场；C_{ij} 为订正因子，其表达式为

$$C_{ij} = \sum_{s=1}^{n} Q_s W_s / \sum_{s=1}^{n} W_s \tag{2-17}$$

式中：Q_s 为在 s 点均值与初值之差；W_s 的表达式为

$$W_s = \exp(-4r^2 / R^2), \quad r \leqslant R \tag{2-18}$$

式中：R 为影响半径；r 为观测点到网格中心点的距离。

由式（2-18）可知，逐步订正法中权重与影响半径 R 和观测点到网格中心点的距离 r 有关，观测点与网格中心点距离的计算方法与反距离加权法相同。影响半径 R 根据研究海域及有效波高的空间尺度而定。本小节研究海域为我国海域及其邻近海域，有效波高的空间尺度为 30～100 km（Tournadre, 1993），影响半径至少为该尺度的 3～4 倍，因此取初始影响半径为 400 km。将求出的距离代入式（2-18）就可以得到权重。

初始背景场也是影响该方法融合结果的重要因素之一。本小节中的初始背景场是通过曲面拟合的方法得到的（潘晓滨 等，1996），这样就没必要获取由气象部门提供的数值预报格点资料，而且得到的初始场与实际更符合。

（1）曲面拟合的计算公式：

$$F_{ij} = \sum_{s=1}^{n} W_s (Z(x_s) + \Delta Z(x_s)) / \sum_{s=1}^{n} W_s, \quad r \leqslant R_0 \tag{2-19}$$

式中：R_0 为搜索半径，在本小节确定为 300 km；$\Delta Z(x_s)$ 为第 s 个观测值相对于网格中心点 F_{ij} 的增量，其表达式为

$$\Delta Z(x_s) = Z(x_s) - F_{ij} \tag{2-20}$$

$$\Delta Z(x_s) = \left(\frac{\partial Z(x_s)}{\partial x}\right)\Delta x + \left(\frac{\partial Z(x_s)}{\partial y}\right)\Delta y + o(\Delta x, \Delta y) \tag{2-21}$$

（2）求初始背景场中的权重系数。观测点的权重系数不仅取决于它与网格中心点的距离，而且与它相对于网格中心点的方向及观测点之间的分布状态有关：

$$W_s = D_s^2 (1 + T_s) \tag{2-22}$$

式中：D_s 为距离权重系数；T_s 为方向权重系数。它们的表达式为

$$D_s = \begin{cases} 1/r, & 0 < r \leqslant R_0/3 \\ 27(r/R_0 - 1)^2 / 4R_0, & R_0/3 < r \leqslant R_0 \\ 0, & r > R_0 \end{cases} \tag{2-23}$$

$$T_s = \sum_{j=1}^{n} D_j [1 - \cos(\angle sgj)] / \sum_{j=1}^{n} D_j, \quad j \neq s \tag{2-24}$$

式中：$\angle sgj$ 为网格中心点到观测点 s 和 j 的夹角。

（3）增量 $\Delta Z(x_s)$ 的计算：

$$\Delta Z(x_s) = \left[\frac{\partial Z(x_s)}{\partial x}(X_g - X_s) + \frac{\partial Z(x_s)}{\partial y}(Y_g - Y_s) \right] V/(V+r) \qquad (2\text{-}25)$$

式中：X_g 和 X_s 分别为网格中心点和观测点处的纬度；Y_g 和 Y_s 分别为网格中心点和观测点处的经度；V 为控制增量变化的参数变量，其表达式为

$$V = \varepsilon[\max(Z(x_s)) - \min(Z(x_s))] / \max \left[\frac{\partial Z(x_s)^2}{\partial x} + \frac{\partial Z(x_s)^2}{\partial y} \right] \qquad (2\text{-}26)$$

式中：ε 为可调参数，一般取为 0.2～0.5。令 $A_1 = \partial Z(x_s)/\partial x$，$B_1 = \partial Z(x_s)/\partial y$，假设曲面方程为

$$f = A_1 x + B_1 y + C_1 \qquad (2\text{-}27)$$

式中：f 为观测值；x 和 y 分别为观测点上的纬度和经度。找到观测点周围的三个点即可求出 A_1 和 B_1，将最终的结果代入式（2-25），就可以得到增量的大小。最后再将增量值代入式（2-19），即可得到背景场。

具体地，利用逐步订正法对多源卫星高度计数据进行融合的主要步骤如下。

（1）确定融合时网格大小，即空间分辨率。

（2）利用曲面拟合法计算初始背景场。

（3）根据式（2-18）计算各观测值与背景值之间差值的权重。

（4）根据式（2-17）得到订正场。

（5）将订正场加上初始背景场得到新的背景场。

（6）判断迭代次数是否大于设定的值，一般迭代次数为 3～4 次。

（7）如果迭代次数大于设定的值，则结束，新的背景场即融合结果。

（8）如果迭代次数小于设定的值，重复步骤（3）～（6），得到所有网格中心点上的有效波高值。

（9）对结果进行滤波，得到最终的融合结果。

3. 海面有效波高时空大数据生成

海面有效波高数据不同于其他卫星遥感数据，仅能通过星下点进行采集测量，其重复周期为 15～30 天覆盖全球一次。用于海面高度时空大数据的卫星遥感数据如图 2.18 所示。

对采用不同网格大小（0.25°×0.25°～1°×1°）和不同滤波器模板（3×3～15×15）得到的融合结果进行分析。当网格大小是 0.25°×0.25° 时，利用滤波器模板为 3×3、7×7、11×11、15×15 的均值滤波器得到的不同融合结果如图 2.19（a）～（d）所示。从图中可以看出，当滤波器模板选为 3×3 时，融合结果图很不平滑，卫星轨道的分布痕迹清晰可见，这说明有些网格点上的结果过分依赖于其周围的几个点，出现局部过大的失真现象。随着滤波器窗口的增大，融合结果渐渐平滑，当滤波器模板选为 7×7 时，有效波高在黄海海域依然出现类似于卫星轨道的分布状况。继续增大滤波窗口，当滤波器模板达到 11×11 时，卫星轨道已经没有了，图像也很平滑，而滤波器模板为 15×15 时得到的结果又显得过度平滑。因此，要获得较好的融合结果，当网格大小为 0.25°×0.25° 时，滤波器模板应选为 11×11。同样的研究表明，当时间分辨率为 10 天，网格大小为 0.5°×0.5° 时，滤波器模板应选为 5×5；

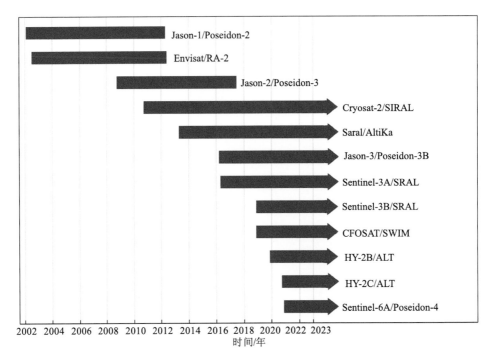

图 2.18　用于海面高度时空大数据的卫星遥感数据

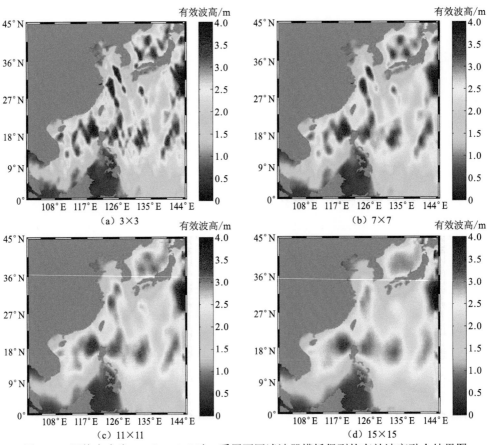

（a）3×3　　　　　　　　　　　　　　　　（b）7×7

（c）11×11　　　　　　　　　　　　　　　（d）15×15

图 2.19　网格大小为 0.25°×0.25° 时，采用不同滤波器模板得到的有效波高融合结果图

网格大小是 1°×1° 时，滤波器模板应选为 3×3。如果滤波器窗口过小，从融合结果图上可以看到卫星轨道的痕迹；如果滤波窗口过大，融合结果又会过于平滑，失去细节特征。同时，随着时间分辨率的增加，由于数据资料分布变密集，相应的滤波器窗口应减小。

Greenslade 等（1997）认为至少需要 3~4 颗卫星数据融合才能识别出大尺度信号，Le Traon 等（1999）则认为实际上 3 颗卫星数据融合就能大大减少误差。当然，他们都是借助于模拟数据进行的理论分析。Pasual 等（2007）利用真实的卫星数据对地中海地区的海面高度异常（sea level anomaly，SLA）数据进行了融合，发现至少需要 3 颗卫星才能很好地表现出信号，将 2 颗卫星的数据融合时很多重要的信号淹没了。本小节对 1 颗卫星的插值结果及 2 颗卫星的融合结果进行比较分析，证实在融合多颗卫星时，信息能更好地体现。

图 2.20 显示了 2013 年 1 月 1~10 日 1 颗卫星的插值结果和 2 颗卫星的融合结果，网格大小为 0.25°×0.25°，滤波器模板为 5×5。从图中可以发现，仅仅使用 HY2 卫星，或者仅使用 Jason-2 高度计数据插值而未与其他高度计数据融合的结果[图 2.20（a）和（b）]存在明显的卫星轨道痕迹。这是由于参与融合的数据处于高度计的运行轨道上，轨道之外没有数据，仅 1 颗卫星如 HY2 卫星（图 2.21 中红线）时，其轨道分布过于稀疏。使用 2 颗卫星的融合结果[图 2.20（c）]有所改善，比较符合实际情况，但仍然存在卫星轨道痕迹。利用更多卫星资料，无论是时间段还是卫星个数的融合结果在这些方面会有明显的改善，这是由于参与融合的卫星资料（图 2.21 中蓝线和红线）分布比较密集，能获得较好的融合结果。

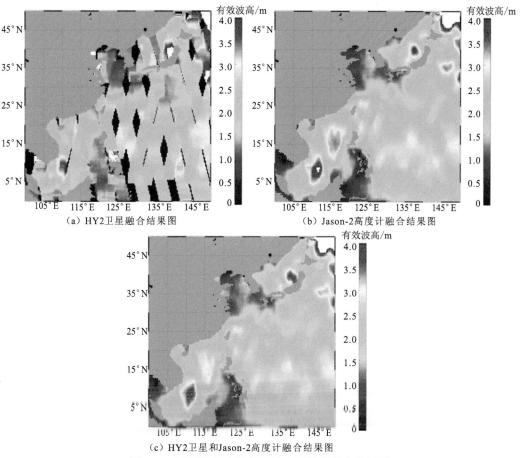

（a）HY2卫星融合结果图　　　　　　（b）Jason-2高度计融合结果图

（c）HY2卫星和Jason-2高度计融合结果图

图 2.20　不同卫星个数得到的有效波高融合结果图

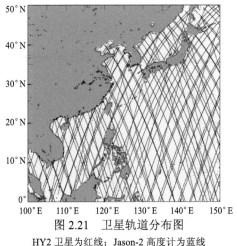

图 2.21　卫星轨道分布图

HY2 卫星为红线；Jason-2 高度计为蓝线

2.3.3　基于最小二乘估计的海面风场时空大数据的生成

1. 最小二乘法

最小二乘法是一种古老的数学优化算法，早在 19 世纪初期就已经问世。在科学研究和工程应用如最优控制、通信、自适应滤波、信息融合、数据挖掘等领域，最小二乘法被广泛使用。

由于真实值无法被直接测量，只能根据测量得出与真实值有关的测量函数：

$$y = Hx + v \tag{2-28}$$

式中：y 为观测值；x 为真实值；H 为观测算子；v 为误差。通过这个函数，可解算出一个估计值 $\hat{x}$ 来近似替代真实值 x。

若以估计值与真实值偏差的平方和达到最小为指标，即目标函数为

$$J = (y - Hx)^{\mathrm{T}}(y - Hx) \to \min \tag{2-29}$$

通过变分运算可以得到满足最小二乘估计的条件：

$$\delta J = -H^{\mathrm{T}}(y - Hx)\delta x \tag{2-30}$$

目标函数 J 对误差变量 v 的梯度可表示为

$$\nabla J = -H^{\mathrm{T}}(y - Hx) = 0 \tag{2-31}$$

式中：δ 为变分；∇ 为梯度。

对目标函数的最小二乘估计为

$$\hat{x} = (H^{\mathrm{T}}H)^{-1}H^{\mathrm{T}}y \tag{2-32}$$

估计误差 $\tilde{x} = x - \hat{x}$，即

$$\tilde{x} = (H^{\mathrm{T}}H)^{-1}H^{\mathrm{T}}v \tag{2-33}$$

最小二乘估计值与测量误差无关，它的最大优点是算法简单，不必知道测量误差的统计信息。但正是这种优点又引起了该方法在使用上的局限性：该方法只能估计确定性的常值向量，而无法估计随机向量的时间过程。最小二乘法的最优指标只保证了测量的估计均方误差之和最小，而并未确保被估计误差达到最佳，因此估计精度不是很高。

2. 海面风场时空大数据生成

以往在业务化的多源遥感数据融合中通常采用的是最小二乘法。用于海面风场时空大数据的卫星遥感数据如图 2.22 所示。采用最小二乘估计法，对不同卫星观测的每日网格化海面风场（图 2.23）生成 4 个时次的海面风场时空大数据，如图 2.24 所示。

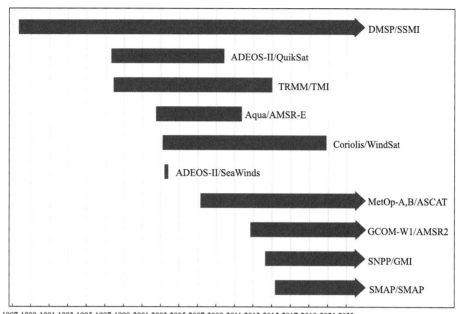

图 2.22　用于海面风场时空大数据的卫星遥感数据

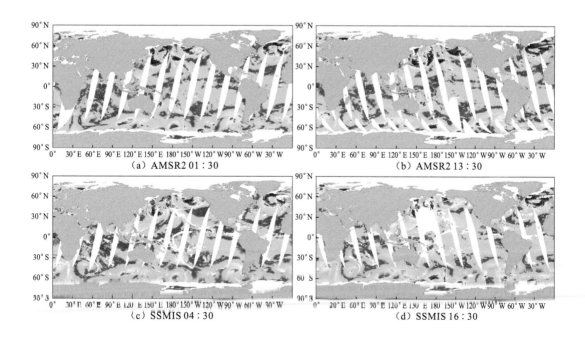

（a）AMSR2 01：30　　　　　　　　（b）AMSR2 13：30

（c）SSMIS 04：30　　　　　　　　（d）SSMIS 16：30

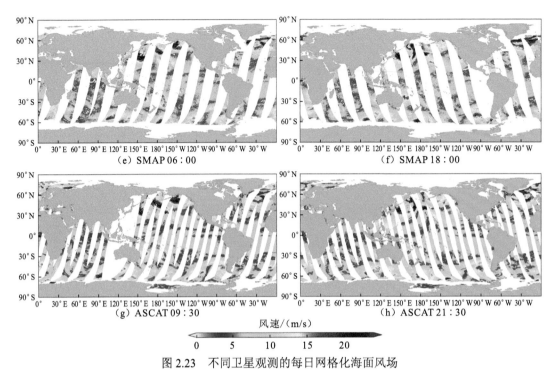

图 2.23　不同卫星观测的每日网格化海面风场

（a）和（b）由 GCOM-W1/AMSR2 观测，降交点为地方时 01：30，升交点为地方时 13：30；（c）和（d）由 DMSP-17/SSMIS 观测，降交点为地方时 04：30，升交点为地方时 16：30；（e）和（f）由 SMAP 观测，降交点为地方时 06：00，升交点为地方时 18：00；（g）和（h）由 MetOp-B/ASCAT 观测，降交点为地方时 09：30，升交点为地方时 21：30

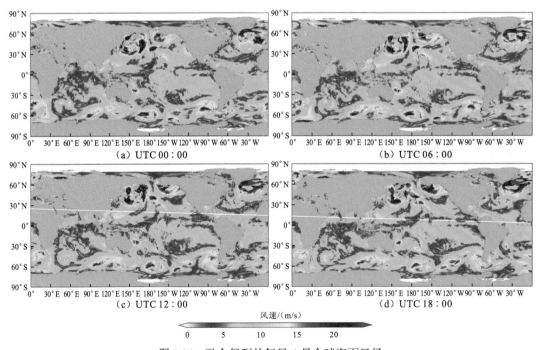

图 2.24　融合得到的每日 4 景全球海面风场

UTC：coordinated universal time，协调世界时

2.3.4 基于马尔可夫估计的海表温度时空大数据的生成

1. 高斯–马尔可夫估计

高斯–马尔可夫（Gauss-Markov）估计在最小二乘估计的基础上，对不同的测量结果给出不同的权重，能够得到更加合理、精度更高的估计值：

$$J =< y - Hx, W(y - Hx) >\to \min \tag{2-34}$$

式中："$< >$"表示期望；W 为权重。

通过类似最小二乘估计的运算，可以得到

$$\delta J = -H^T W(y - Hx)\delta x \tag{2-35}$$

目标函数梯度 $\nabla J = -H^T W(y - Hx) = 0$，由此可以计算出估计值：

$$\hat{x} = (H^T WH)^{-1} H^T Wy \tag{2-36}$$

估计误差 $\tilde{x} = x - \hat{x}$，即

$$\tilde{x} = (H^T WH)^{-1} H^T Wv \tag{2-37}$$

计算相应的方差：

$$P = E(\tilde{x}\tilde{x}^T) = (H^T WH)^{-1} H^T WRWH(H^T WH)^{-1} \tag{2-38}$$

式中：R 为观测误差协方差矩阵。

当 $W = R^{-1}$ 时，$P = (H^T R^{-1}H)^{-1}$ 为高斯–马尔可夫估计，由此可以得出高斯–马尔可夫估计值：

$$\hat{x} = (H^T R^{-1}H)^{-1} H^T R^{-1}y \tag{2-39}$$

2. 变分估计

变分估计就是对下面目标函数的最小化计算：

$$J = \frac{1}{2}(x - x_b)^T B^{-1}(x - x_b) + \frac{1}{2}(y - Hx)^T R^{-1}(y - Hx) \tag{2-40}$$

式中：x 为真实值；x_b 为背景值，即上一次得出的估计值；B 为背景误差协方差矩阵；y 为观测值；H 为线性观测算子；R 为观测误差协方差矩阵。

背景误差协方差矩阵和观测误差协方差矩阵分别定义为

$$B = (x - x_b)(x - x_b)^T \tag{2-41}$$

$$R = (y - Hx_b)(y - Hx_b)^T \tag{2-42}$$

目标函数 J 对变量 x 求极小化，得

$$x - x_b = BH^T R^{-1}(y - Hx) \tag{2-43}$$

$$f = R^{-1}(y - Hx) \tag{2-44}$$

$$x - x_b = BH^T f \tag{2-45}$$

根据线性算子 H 的性质，可以得出

$$Hx - Hx_b = H(x - x_b) \tag{2-46}$$

由此可以计算出

$$Rf = y - Hx_b - H(x - x_b) = y - Hx_b - HBH^T f \tag{2-47}$$

$$(\boldsymbol{R} + \boldsymbol{HBH}^{\mathrm{T}})f = y - \boldsymbol{H}x_{\mathrm{b}} \qquad (2\text{-}48)$$

通过式（2-48）可以使用共轭梯度法迭代求得 f，由式（2-47）可得

$$x = x_{\mathrm{b}} + \boldsymbol{BH}^{\mathrm{T}}(\boldsymbol{HBH}^{\mathrm{T}} + \boldsymbol{R})^{-1}(y - \boldsymbol{H}x_{\mathrm{b}}) \qquad (2\text{-}49)$$

在变分估计中，对背景误差协方差矩阵和观测误差协方差矩阵的计算是非常重要的，也是比较困难的。首先，因为真实值是未知的，所以需要进行合理的数据替换来计算；其次，对海洋数据来说，这两个误差协方差矩阵的数量级一般为 $10^7 \sim 10^8$，对这么大的矩阵直接进行求逆计算无论是计算效率，还是可实现性，都是非常困难的，因此需要通过适当的简化计算来实现变分估计。

3. 海表温度时空大数据生成

用于海表温度时空大数据生成的卫星遥感数据如图 2.25 所示。使用 Himawari 8、VIIRS、AMSR2、GMII 和 WindSat 共 5 种 SST 数据进行海表温度时空大数据生成，每个像元最多有 5 个观测。若某个像元上存在 N 个观测，则基于 Markov 估计对这些观测进行融合。图 2.26 是 2020 年 3 月 9 日使用 AMSR2、GMII 和 WindSat 3 种微波遥感得到的海表温度的空间分布，Himawari 8 和 VIIRS 的遥感海表温度空间分布如图 2.11 和图 2.4 所示。尽管微波遥感具有良好的穿透性，不受云雾影响，但在低纬度地区轨道间隙比较大，也易受电磁干扰，在靠近陆地的地方没有数据，因此总体上的观测覆盖率也不高。以 2020 年 3 月 9 日为例，海洋时空大数据的重构生成结果如图 2.27 所示。从海表温度分布看，重构结果实现了空间全覆盖，细节特征明显，尤其是黑潮流轴及其分支清晰可见，同时反映了海表温度的日变化过程，以图中黑框范围内最为显著。

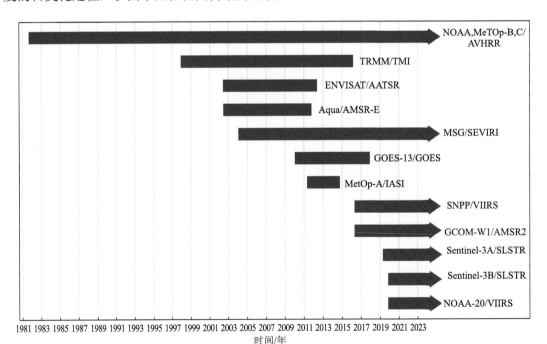

图 2.25　用于海表温度时空大数据生成的卫星遥感数据

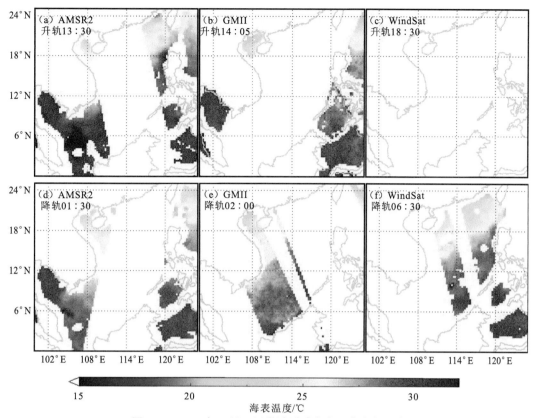

图 2.26　2020 年 3 月 9 日微波遥感海表温度空间分布

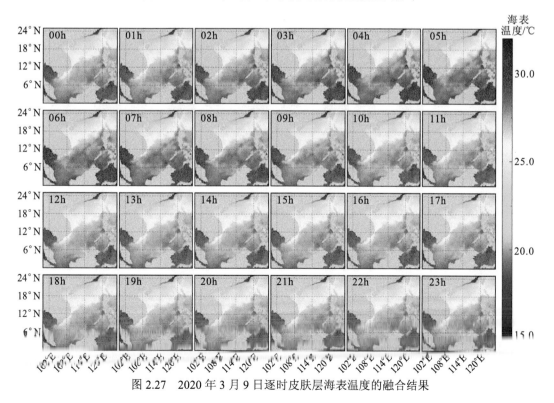

图 2.27　2020 年 3 月 9 日逐时皮肤层海表温度的融合结果

参 考 文 献

陈奕君, 2020. 静止海洋水色卫星数据并行重构研究. 杭州: 浙江大学.

丁又专, 2011. 卫星遥感海表温度与悬浮泥沙浓度的资料重构及数据同化试验. 南京: 南京理工大学.

郭俊如, 2015. 东中国海遥感叶绿素 a 数据重构方法及其多尺度变化机制研究. 青岛: 中国海洋大学.

胡致强, 祖玉杰, 徐善勇, 1999. 抑制 Kalman 滤波发散的方法及其进展. 信息技术(3): 50-52.

黄思训, 程亮, 盛峥, 2008. 一种卫星反演海温资料的补缺方法. 气象科学, 28(3): 237-243.

潘晓滨, 魏绍远, 马华平, 等. 1996. 逐次最优插值方案及其试验. 气象科学,1: 30-39.

宋晚郊, 张鹏, 孙凌, 等, 2022. 基于 DINEOF 的风云极轨气象卫星海表温度重构方法研究. 海洋学研究, 40(2): 10-18.

王艳珍, 管磊, 曲利芹, 2010. 卡尔曼滤波在卫星红外/微波海表温度数据融合中的应用. 中国海洋大学学报 (自然科学版), 12: 18.

张淼, 王素娟, 覃丹宇, 等, 2018. FY-3C 微波成像仪海面温度产品算法及精度检验. 遥感学报, 22(5): 713-722.

张文建, 黎光清, 董超华, 1992. 用卫星遥感资料反演气象参数的误差分析及数值试验. 应用气象学报(3): 266-272.

Alvera-Azcárate A, Barth A, Rixen M, et al., 2005. Reconstruction of incomplete oceanographic data sets using empirical orthogonal functions: Application to the Adriatic Sea surface temperature. Ocean Modelling, 9(4): 325-346.

Beckers J M, Rixen M, 2003. EOF calculations and data filling from incomplete oceanographic datasets. Journal of Atmospheric and Oceanic Technology, 20(12): 1839-1856.

Bretherton F P, Davis R E, Fandry C B, 1976. A technique for objective analysis and design of oceanographic experiments applied to MODE-73. Deep Sea Research and Oceanographic Abstracts, 23(7): 559-582.

Chao Y, Li Z, Farrara J D, et al., 2009. Blending sea surface temperatures from multiple satellites and in situ observations for coastal oceans. Journal of Atmospheric and Oceanic Technology, 26(7): 1415-1426.

Cressman G P, 1959. An operational objective analysis system. Monthly Weather Review, 87(10): 367-374.

Dash P, Ignat A, Kihai Y, et al., 2010. The sst quality monitor (squam). Journal of Atmospheric and Oceanic Technology, 27(11): 1899-1917.

Donlon C J, Martin M, Stark J, et al., 2012. The operational sea surface temperature and sea ice analysis (OSTIA) system. Remote Sensing of Environment, 116: 140-158.

Evensen G, 1994. Sequential data assimilation with a nonlinear quasi-geostrophic model using monte carlo methods to forecast error statistics. Journal of Geophysical Research: Oceans, 99(C5): 10143-10162.

Fairall C W, Bradley E F, Rogers D P, et al., 1996. Bulk parameterization of air-sea fluxes for tropical ocean-global atmosphere coupled-ocean atmosphere response experiment. Journal of Geophysical Research: Oceans, 101(C2): 3747-3764.

Filipiak M J, Merchant C J, Kettle H, et al., 2012. An empirical model for the statistics of sea surface diurnal warming. Ocean Science, 8(2): 197-209.

Gandin L S, 1965. Objective analysis of meteorological fields. U.S. Department of Commerce and National

Science Foundation, Washinton. D. C.: 242.

Gentemann C L, Donlon C J, Stuart-Menteth A, et al., 2003. Diurnal signals in satellite sea surface temperature measurements. Geophysical Research Letters, 30(3): 1140.

Gilchrist B, Cressman G P, 1954. An experiment in objective analysis. Tellus, 6(4): 309-318.

Greenslade D J M, Chelton D B, Schlax M G, 1997. The midlatitude resolution capability of sea level fields constructed from single and multiple satellite altimeter datasets. Journal of Atmospheric and Oceanic Technology, 14(4): 849-870.

Guan L, Kawamura H, 2004. Merging satellite infrared and microwave SSTS: Methodology and evaluation of the new SST. Journal of Oceanography, 60(5): 905-912.

Gunes H, Rist U, 2007. Spatial resolution enhancement/smoothing of stereo-particle-image-velocimetry data using proper-orthogonal-decomposition-based and Kriging interpolation methods. Physics of Fluids, 6: 1-19.

Hu C, Lee Z, Franz B, 2012. Chlorophyll-a algorithms for oligotrophic oceans: A novel approach based on three-band reflectance difference. Journal of Geophysical Research: Oceans, 117, C01011.

Kalman R E, 1960. A new approach to linear filtering and prediction problems. Journal of Basic Engineering, 82(1): 35-45.

Karagali I, Høyer J L, Donlon C J, 2017. Using a 1-D model to reproduce the diurnal variability of SST. Journal of Geophysical Research: Oceans, 122(4): 2945-2959.

Kawai Y, Kawamura H, 2003. Validation of daily amplitude of sea surface temperature evaluated with a parametric model using satellite data. Journal of Oceanography, 59: 637-644.

Kondo J, 1975. Air-sea bulk transfer coefficients in diabatic conditions. Boundary Layer Meteorology, 9(1): 91-112.

Kondrashov D, Ghil M, 2006. Spatio-temporal filling of missing points in geophysical data sets. Nonlinear Processes in Geophysics, 13(2): 151-159.

Le Traon P Y, Dibarboure G, 1999. Mesoscale mapping capabilities of multiple-satellite altimeter missions. Journal of Atmospheric and Oceanic Technology, 16(9): 1208-1223.

Li X, Ling T, Zhang Y, et al., 2018. A 31-year global diurnal sea surface temperature dataset created by an ocean mixed-layer model. Advances in Atmospheric Sciences, 35: 1443-1454.

Liou K, 2002. An introduction to atmospheric radiation. New York: Academic Press.

Lukas R, Lindstrom E, 1991. The mixed layer of the western equatorial Pacific Ocean. Journal of Geophysical Research: Oceans, 96(1): 3343-3357.

Pascual A, Pujol M I, Larnicol G, et al., 2007. Mesoscale mapping capabilities of multisatellite altimeter missions: First results with real data in the Mediterranean Sea. Journal of Marine Systems, 65(1-4): 190-211.

Pimentel S, Tse W H, Xu H, et al., 2019. Modeling the near-surface diurnal cycle of sea surface temperature in the Mediterranean Sea. Journal of Geophysical Research: Oceans, 124(1): 171-183.

Price J F, Weller R A, Pinkel R, 1986. Diurnal cycling: Observations and models of the upper ocean response to diurnal heating, cooling and wind mixing. Journal of Geophysical Research: Oceans, 91(C7): 8411-8427.

Qiao F, Yuan Y, Yang Y, et al., 2004. Wave-induced mixing in the upper ocean: Distribution and application to a global ocean circulation model. Geophysical Research Letters, 31(11): L11303.

Reynolds R W, Smith T M, 1994. Improved global sea surface temperature analyses using optimum interpolation.

Journal of Climate, 7(6): 929-948.

Stuart-Menteth A C, Robinson I S, Weller R A, et al., 2005. Sensitivity of the diurnal warm layer to meteorological fluctuations. part 1: Observations. Journal of Atmospheric and Ocean Science, 10(3): 193-208.

Thiébaux J, Rogers E, Wang W, et al., 2003. A new high-resolution blended real-time global sea surface temperature analysis. Bulletin of the American Meteorological Society, 84(5): 645-656.

Tournadre J, 1993. Time and space scales of significant wave heights. Journal of Geophysical Research: Oceans, 98(C3): 4727-4738.

Tu Q, Pan D, Hao Z, et al., 2013. Quality control of satellite-retrieved sea surface temperature//Satellite Data Compression, Communications, SPIE, 8871: 178-184.

Webster P J, Clayson C A, Curry J A, 1996. Clouds, radiation, and the diurnal cycle of sea surface temperature in the tropical western Pacific. Journal of Climate, 9(8): 1712-1730.

Yang C, Kim S, Ouchi K, et al., 2015. Generation of high resolution sea surface temperature using multi-satellite data for operational oceanography. Acta Oceanologica Sinica, 34(7): 74-88.

第3章　不同海域海洋环境要素时空特征规律认识

3.1　西太平洋海洋水色环境要素的变化特征

3.1.1　多尺度时间变化

1. 表层叶绿素 a 浓度

海洋叶绿素 a 浓度作为海洋水色三要素之一,是海洋浮游植物生物量和初级生产力的重要指示因子,分析海洋表层叶绿素 a 浓度的时间变化对研究海洋生态对气候变暖的响应具有重要的意义(Sathyendranath et al., 2019)。本小节在海洋遥感大数据的基础上,给出近 10 年海洋表层叶绿素 a 浓度的年、月尺度时间变化特征。

1）年变化特征

在长时序遥感数据积累的基础上,使用 2010 年 5~12 月的西太平洋区域月平均数据分析叶绿素 a 浓度的年变化特征,采用一元线性回归分析方法(Wang et al., 2021),计算全区域空间平均年变化速率,如图 3.1 所示。近 10 年来,西太平洋区域叶绿素 a 浓度整体变化不显著,但近 5 年表现为略有下降,为 $-6.84 \times 10^{-4} \mathrm{mg \cdot m^{-3} \cdot 年^{-1}}$。

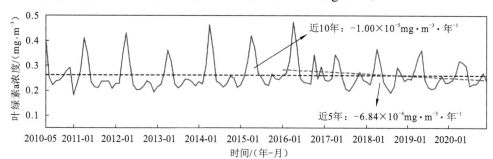

图 3.1　西太平洋区域叶绿素 a 浓度平均变化趋势

2）月变化特征

图 3.2 给出了西太平洋平均叶绿素 a 浓度的逐月统计结果。西太平洋叶绿素 a 浓度的年内最低值一般出现在 7~9 月,2012 年和 2014 年出现在 12 月;最高值一般出现在 4 月,2019 年为 5 月,该结论与月平均分析结果基本一致。特别地,2016 年 4 月平均叶绿素 a

浓度达到近 10 年的极大值，为 0.473 mg·m⁻³，2011 年 1 月达到极小值，为 0.180 mg·m⁻³，二者差异显著。

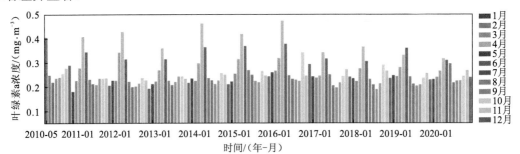

图 3.2　叶绿素 a 浓度逐月统计图

2. 悬浮物浓度

悬浮物浓度是海水中颗粒直径为 0.1～10 μm 的微粒的浓度，包括不溶于水的无机物、有机物及泥沙、黏土、微生物等。海水悬浮物浓度是海洋水色三要素之一，也是评价海水水质污染程度的指标之一（Chester et al.，1972）。

1）年变化特征

近 10 年来，西太平洋悬浮物浓度整体呈上升趋势，平均为 $5.12×10^{-4}$ g·m⁻³·年⁻¹，但近 5 年表现为略有下降，为 $-4.73×10^{-4}$ g·m⁻³·年⁻¹，如图 3.3 所示。

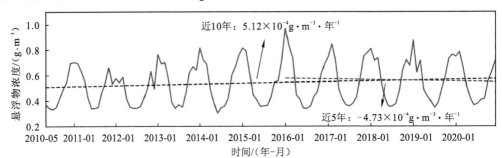

图 3.3　西太平洋区域悬浮物浓度平均变化趋势

2）月变化特征

图 3.4 给出了西太平洋平均悬浮物浓度的逐月统计结果。西太平洋悬浮物浓度的年内最低值一般出现在 6～7 月；最高值一般出现在 1 月，该结论与月平均分析结果基本一致。特别地，2016 年 1 月平均悬浮物浓度达到近 10 年极大值，为 0.968 g·m⁻³，2014 年 6 月达到极小值，为 0.301 g·m⁻³，二者差异显著。

3. 海水透明度

海水透明度是指用直径为 30 cm 的白色圆板，在阳光不能直接照射的地方垂直沉入水中，直至看不见的深度。海水透明度作为海洋水色三要素之一，是海水能见度的一种量度（何贤强 等，2004）。

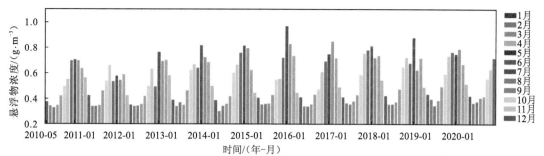

图 3.4 悬浮物浓度逐月统计图

1）年变化特征

近 10 年来，西太平洋海水透明度整体呈下降趋势，平均为 -1.03×10^{-2} m·年$^{-1}$，但近 5 年表现出上升趋势，为 8.79×10^{-3} m·年$^{-1}$，如图 3.5 所示。

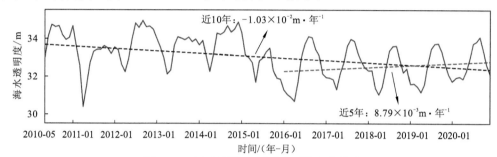

图 3.5 西太平洋海水透明度平均变化趋势

2）月变化特征

西太平洋海域的海水透明度多年月平均分布如图 3.6 所示。逐月来看，西太平洋平均透明度的年内最低值一般出现在 4 月；最高值一般出现在 8～9 月。特别地，2011 年 4 月平均透明度达到近 10 年的极小值，为 30.37 m；2012 年 9 月达到极大值，为 34.93 m。

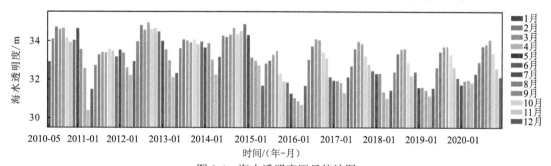

图 3.6 海水透明度逐月统计图

3.1.2 周期性特征

1. 表层叶绿素 a 浓度

为确定叶绿素 a 浓度的主要变化周期，使用 Welch 功率谱（Welch，1967）对图 3.1

所示的序列进行频谱分析，结果如图 3.7 所示。频谱分析表明，叶绿素 a 浓度除已知的半年和年变化周期外，还存在 3 个月（季节）和 4 个月的振荡周期。

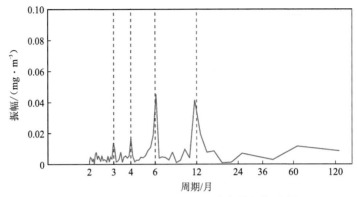

图 3.7　西太平洋叶绿素 a 浓度变化周期分析

对于平均叶绿素 a 浓度这种非线性、非平稳序列，进一步采用集合经验模态分解（ensemble empirical mode decomposition，EEMD）对时序的内在波动特征和趋势变化进行分析（陈小燕，2013；Wu et al.，2009），结果如图 3.8 所示。

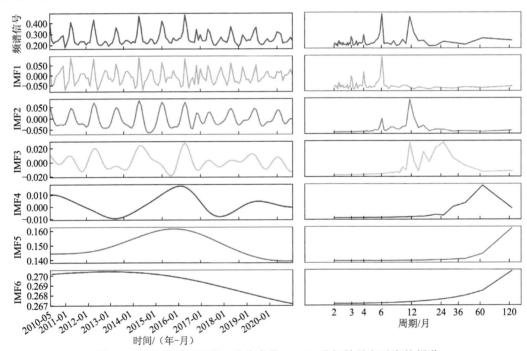

图 3.8　西太平洋叶绿素 a 浓度变化 EEMD 分解结果和对应的频谱

通过 EEMD 得到 6 个本征模态函数（intrinsic mode function，IMF），表明近 10 年的西太平洋平均叶绿素 a 浓度时间序列包含不同时间尺度的特征。IMF1 与 IMF2 与原始叶绿素 a 浓度序列具有较高的一致性，IMF1 的振幅和波动最大，主要表征年内变化信号。频谱分析的结果表明，IMF1 主周期为 3 个月、4 个月和 6 个月。IMF2 为年内尺度的季节变化信号，存在半年和一年尺度的准周期。随着阶数的增加，IMF 分量的振幅逐渐变小，IMF3 表现出 12 个月、24 个月的准周期。IMF4 的波动趋势随时间变化逐渐趋缓，周期约为 60

个月。IMF5 和 IMF6 表征的是 5 年以上的长期变化趋势。由于采用近 10 年的观测资料，暂不能反映出更长时间尺度下的叶绿素 a 浓度变化趋势。

2. 悬浮物浓度

频谱分析表明，平均悬浮物浓度主要表现为 12 个月的年变化周期，如图 3.9 所示。通过 EEMD 得到 6 个本征模态函数（IMF），表明近 10 年的西太平洋平均悬浮物浓度时间序列包含不同时间尺度的特征，如图 3.10 所示。IMF1 提取的是原序列的月度振荡变化信号，表现为季节尺度和年尺度的变化周期。IMF2 表现为季节变化信号，存在明显的年变化周期。随着阶数的增加，IMF 分量的振幅逐渐变小。IMF3 表现出 18 个月、30 个月左右的准周期。IMF4 的波动趋势随时间变化逐渐趋缓，周期约为 60 个月。IMF5 和 IMF6 表征的是 5 年以上的长期变化趋势。

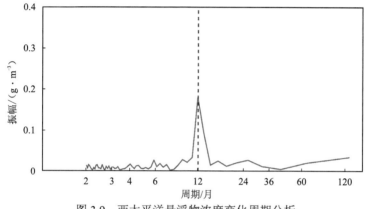

图 3.9 西太平洋悬浮物浓度变化周期分析

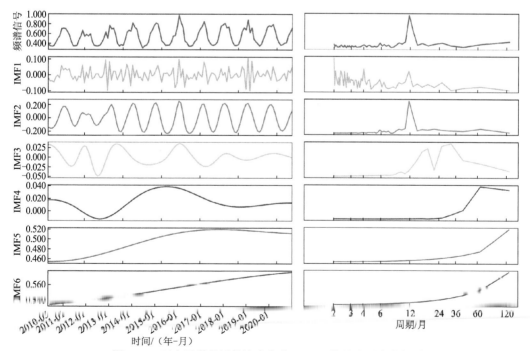

图 3.10 西太平洋悬浮物浓度变化 EEMD 结果和对应的频谱

3. 海水透明度

海水透明度除 12 个月的年周期变化外还存在半年尺度的准周期,如图 3.11 所示。近 10 年的西太平洋平均海水透明度时间序列包含不同时间尺度的特征,如图 3.12 所示。IMF1 主要提取的是原序列年内尺度的振荡变化信号,以半年尺度的周期为主,存在 4 个月的准周期。IMF2 表现为季节变化信号,存在明显的年变化周期。随着阶数的增加,IMF 分量表现为年际变化信号。IMF3 表现出约 24 个月的准周期。IMF4 的波动趋势随时间变化逐渐趋缓,周期约为 60 个月。IMF5 和 IMF6 表征的是 5 年以上的长期变化趋势。

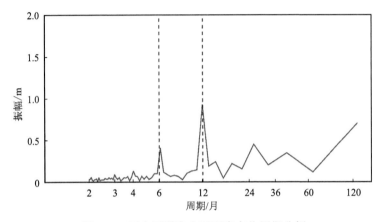

图 3.11　西太平洋海水透明度变化周期分析

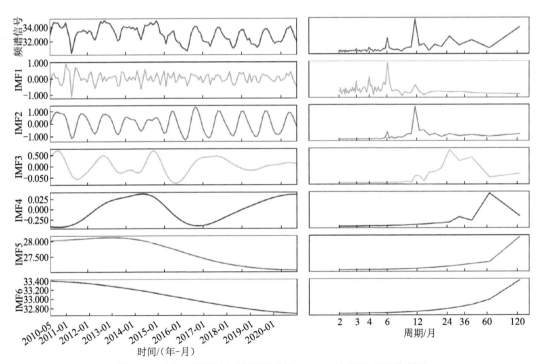

图 3.12　西太平洋海水透明度变化 EEMD 结果和对应的频谱

3.2 海面高度异常时空变化特征

3.2.1 海面高度异常的空间分布

2006～2016 年各年的海平面高度异常空间分布特征总体上相似，海平面高度异常区域均值见表 3.1。三个大洋海域的海面高度异常均值都表现为正异常，西南太平洋最大；9 个沿海海区，除黑海海区在 2007 年、2008 年和 2012 年出现负异常，其他均表现为正异常；爪哇-班达海最高，达 6.47 cm，黑海最低，达 4.11 cm，整个海域年均达 5.43 cm。

表 3.1　海平面高度异常区域均值　　　　　　　　（单位：cm）

海域	2006 年	2007 年	2008 年	2009 年	2010 年	2011 年	2012 年	2013 年	2014 年	2015 年	2016 年	年均
日本海	1.82	4.26	3.33	4.34	5.47	3.77	6.49	5.22	6.40	5.78	10.52	5.22
中国东部海域	3.94	2.97	2.98	3.83	4.27	3.38	7.33	5.66	7.55	7.33	9.85	5.37
中国南部海域	3.16	2.33	6.12	5.77	7.01	6.26	8.12	8.70	6.07	4.72	6.40	5.88
爪哇-班达海	1.70	1.98	8.78	6.07	9.25	9.26	9.25	11.03	5.36	0.76	7.72	6.47
孟加拉湾	0.78	1.05	5.31	4.10	6.97	6.32	7.01	7.66	5.72	7.69	12.18	5.89
阿拉伯海	2.32	3.80	3.88	5.07	4.85	5.59	6.64	6.03	6.01	9.53	9.22	5.72
地中海	2.96	1.81	2.90	4.13	7.47	3.84	4.88	6.65	6.81	5.34	7.18	4.91
黑海	3.57	-2.93	-1.62	1.74	12.54	5.43	-0.51	11.57	4.98	3.25	7.15	4.11
北海	4.00	6.24	3.57	1.85	1.58	6.59	3.78	4.14	4.33	8.85	7.48	4.76
西北太平洋	3.98	4.57	5.77	4.64	4.99	5.99	7.11	6.77	4.58	2.66	5.97	5.18
西南太平洋	3.72	4.12	5.31	5.41	5.10	6.29	6.85	6.94	7.73	7.38	7.21	6.01
印度洋	3.76	4.01	5.03	4.77	5.90	5.70	6.44	6.10	6.14	7.32	7.32	5.68
整个海域	2.98	2.85	4.28	4.31	6.28	5.70	6.12	7.21	5.97	5.88	8.18	5.43

对比分析各海域平均的海面高度异常年际变化，如图 3.13 所示。结果表明，西北太平洋、西南太平洋和印度洋区域整体变化一致，印度洋每年的季节差异较小；西南太平洋季节差异较大，特别是在 2016 年。9 个沿海海域海面高度异常年均值相近，年际变化缓慢，黑海海域呈现锯齿交替平稳变化，阿拉伯海和孟加拉湾变化相位一致，但孟加拉湾季节差异较大，爪哇-班达海与它们呈反相变化。比较各海域的季节差异，爪哇-班达海和中国南部海域的月差异最大，2010 年和 2016 年尤为明显，地中海和孟加拉湾次之。

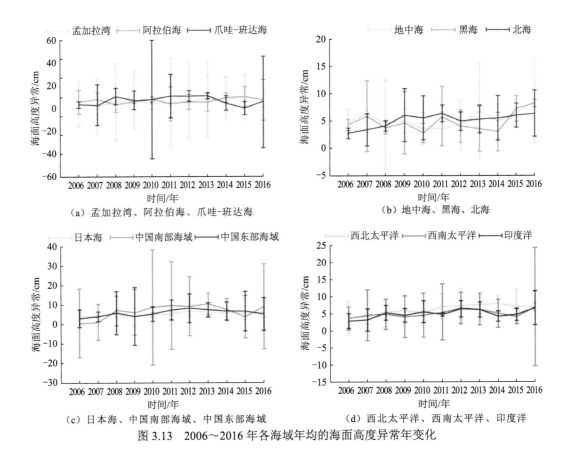

（a）孟加拉湾、阿拉伯海、爪哇-班达海

（b）地中海、黑海、北海

（c）日本海、中国南部海域、中国东部海域

（d）西北太平洋、西南太平洋、印度洋

图 3.13　2006～2016 年各海域年均的海面高度异常年变化

3.2.2　海面高度异常多年逐月和月变化

结合海面高度异常区域空间平均的逐月变化（图 3.14）和区域平均的月变化（图 3.15），发现西南太平洋海域和西北太平洋海域的海面高度异常逐月变化呈现反相关系；而印度洋海域海面高度异常滞后于西南太平洋海域，滞后时间约 4 个月。孟加拉湾与同纬度的中国南部海域也呈反相关系，阿拉伯海和孟加拉湾同相变化一致，但阿拉伯海滞后于孟加拉湾1～2 个月；欧洲大陆附近海域，北海和地中海的海面高度异常月变化与黑海相反。相对于

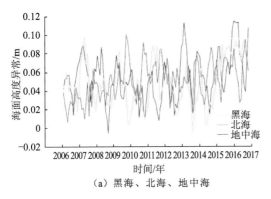

（a）黑海、北海、地中海

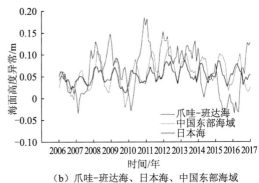

（b）爪哇-班达海、日本海、中国东部海域

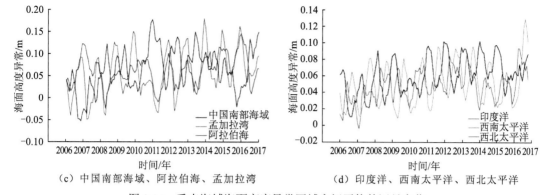

（c）中国南部海域、阿拉伯海、孟加拉湾　　　　（d）印度洋、西南太平洋、西北太平洋

图 3.14　重点海域海面高度异常区域空间平均的逐月变化

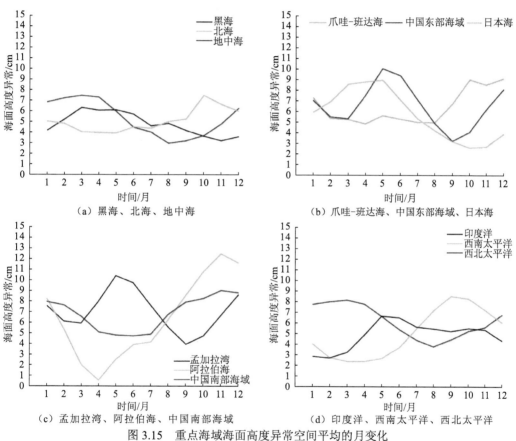

（a）黑海、北海、地中海

（b）爪哇-班达海、中国东部海域、日本海

（c）孟加拉湾、阿拉伯海、中国南部海域

（d）印度洋、西南太平洋、西北太平洋

图 3.15　重点海域海面高度异常空间平均的月变化

封闭的日本海和欧洲内陆附近的黑海、北海和地中海，其他开放海域或半开放海域的海面高度异常季节变化幅度较大。整体上，海面高度异常的空间分布，随着时间的推移存在自东向西传递变化的过程，各海区平均海面高度异常以正异常为主，存在年尺度的周期变化，这种变化在南北半球海域呈现反向变化（Church et al.，2004）。

3.3 全球海域海表温度时空分布特征

3.3.1 时空分布特征

2006～2016 年全球海表温度月平均分布如图 3.16 和图 3.17 所示。从全球区域平均来看，海表温度季节变化明显，表现为两个周期的变化：从冬季 11 月开始先升高，到春季 2 月开始降低，到 5 月开始先升高后降低，最高海表温度通常出现在 8 月，最低海表温度出现在 11 月，次高海表温度出现在 2 月，次低海表温度出现在 5 月，这主要体现了南北半球海域海表温度的变化规律特征（Kaplan et al.，1998）。

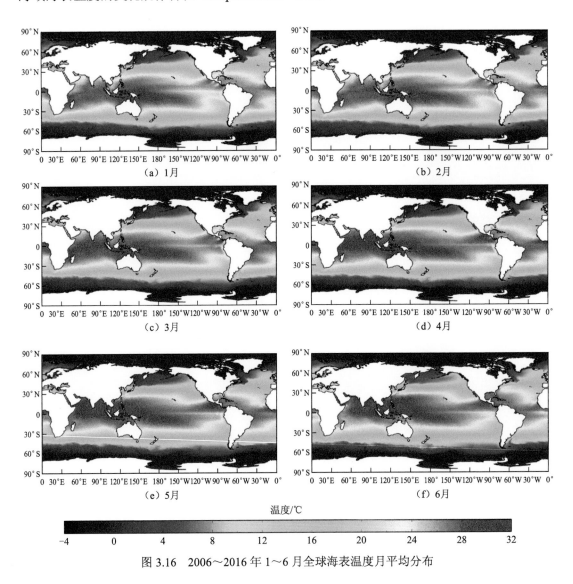

温度/℃

图 3.16　2006～2016 年 1～6 月全球海表温度月平均分布

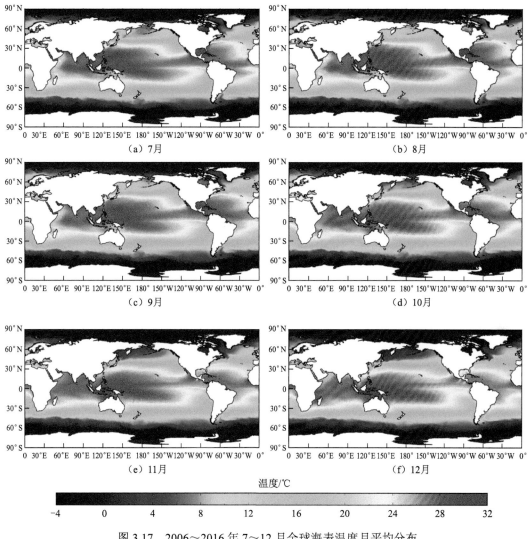

图 3.17 2006～2016 年 7～12 月全球海表温度月平均分布

3.3.2 时空自相关特征

相关系数是用以反映变量之间相关关系密切程度的统计指标，是表征变量之间线性相关程度的量（Di Cecco et al.，2018）。变异函数是描述一个随机变量的空间或时间相关性的统计量，能够对变量的时空自相关性进行量化（Legaard et al.，2007）。本小节采用相关系数和时间（空间）半变异函数来分析海表温度时空关联影响。一方面，利用相关系数研究分析不同时间尺度或空间范围内海表温度的相关程度；另一方面，利用时间（空间）半变异函数量化海表温度在时间（空间）上的自相关性。

1. 相关关系

利用长时间序列的海表温度遥感数据，分析空间上某点与空间其他位置处海表温度的相关系数。图 3.18 给出了空间点（-73.125°N，169.375°E）与其他各点处的相关系数分布图，可以看出，南北半球的海表温度在时间变化相关性上具有相反效果，即北半球变化与南半球变化相反。

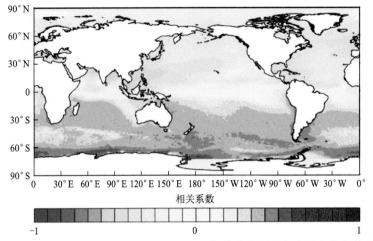

图 3.18　空间点（-73.125°N，169.375°E）与其他位置处海表温度的相关关系

2. 误差相关性

时间相关尺度以天甚至更长时间为单位计算，海表温度在适宜情况下存在短时高频变化，为此选用逐时的海表温度，分析其误差相关性随时间的变化，如图 3.19 所示。

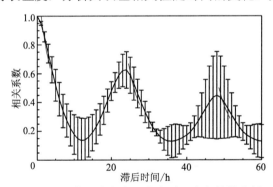

图 3.19　研究区内海表温度小时尺度相关性分析

从图 3.19 中可以看出，t_0 时刻的海表温度与 $t_0 + 24\,\text{h}$、$t_0 + 48\,\text{h}$ 的相关系数逐渐降低，3 天以后的相关系数已经比较小。受日变化的影响，在一天内，t_0 与随后每个时刻海表温度的相关性先降低后升高，与第二天 0 时（$t_0 + 24\,\text{h}$）的相关性比第一天 4 时以后的相关性还要好，与第三天 0 时（$t_0 + 48\,\text{h}$）的相关性比第一天 7 时、第二天 4 时以后的相关性还要好。经过多次试验，兼顾数据量和可靠性，若时间窗口内有多个观测，选择相关系数最大的，各个时段的误差相关性关系如下：

$$b_t(\Delta t) = \begin{cases} 0.8277\exp(-0.286\,07\Delta t) + 0.285\,978, & 0 \leqslant \Delta t < 24 \\ 0.4966\exp(-0.286\,07(\Delta t - 24)) + 0.285\,978, & 24 \leqslant \Delta t < 48 \\ 0.3599\exp(-0.286\,07(\Delta t - 48)) + 0.285\,978, & 48 \leqslant \Delta t < 72 \end{cases} \quad (3\text{-}1)$$

3. 空间自相关性

用空间半变异函数来刻画海表温度在空间上的变化，对空间自相关性进行量化，表示为

$$Y(h) = \frac{1}{2|N(h)|} \sum_{N(h)} (z_i - z_j)^2 \qquad (3\text{-}2)$$

式中：$N(h)$ 为空间距离为 h 的点对个数；z_i 和 z_j 为空间距离为 h 的点对海表温度。图 3.20 给出了不同月海表温度的空间半变异函数，从图中可以看出，空间点温度（Y）与空间距离（X）呈现指数函数关系。

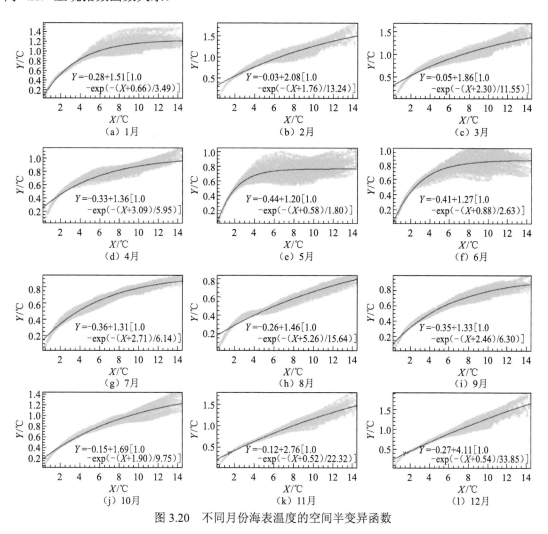

图 3.20 不同月份海表温度的空间半变异函数

4. 时间自相关性

用时间半变异函数来刻画海表温度在时间上的变化，量化时间自相关关系，表示为

$$Y(h) = \frac{1}{2|N(t)|} \sum_{N(t)} (z_i - z_j)^2 \qquad (3\text{-}3)$$

式中：$N(t)$ 为时间间隔为 t 的点对个数；z_i 和 z_j 为时间间隔为 t 的点对海表温度。图 3.21 给出了海表温度的时间半变异函数，从图中可以看出，海表温度（Y）与时间（X）（无论是滞后还是超前时间）呈现一种指数函数关系（Lanzante，1996）。

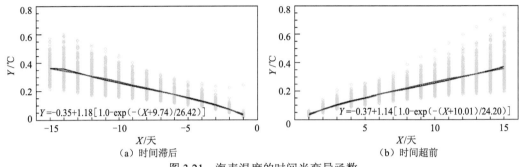

（a）时间滞后　　　　　　　　　　　　（b）时间超前

图 3.21　海表温度的时间半变异函数

参 考 文 献

陈小燕, 2013. 基于遥感的长时间序列浮游植物的多尺度变化研究. 杭州: 浙江大学.

何贤强, 潘德炉, 黄二辉, 等, 2004. 中国海透明度卫星遥感监测. 中国工程科学, 9: 33-37, 96.

Chester R, Stoner J, 1972. Concentration of suspended particulate matter in surface sea water. Nature, 240(5383): 552-553.

Church J A, White N J, Coleman R, et al., 2004. Estimates of the regional distribution of sea level rise over the 1950-2000 period. Journal of Climate, 17(13): 2609-2625.

Di Cecco G J, Gouhier T C, 2018. Increased spatial and temporal autocorrelation of temperature under climate change. Scientific Reports, 8(1): 14850.

Kaplan A, Cane M A, Kushnir Y, et al., 1998. Analyses of global sea surface temperature 1856-1991. Journal of Geophysical Research: Oceans, 103(C9): 18567-18589.

Lanzante J R, 1996. Lag relationships involving tropical sea surface temperatures. Journal of Climate, 9(10): 2568-2578.

Legaard K R, Thomas A C, 2007. Spatial patterns of intraseasonal variability of chlorophyll and sea surface temperature in the California Current. Journal of Geophysical Research: Oceans, 112: C09006.

Sathyendranath S, Brewin R J W, Brockmann C, et al., 2019. An ocean-colour time series for use in climate studies: The experience of the ocean-colour climate change initiative (OC-CCI). Sensors, 19(19): 4285.

Wang Y, Tian X, Gao Z, 2021. Evolution of satellite derived chlorophyll-a trends in the Bohai and Yellow Seas during 2002-2018: Comparison between linear and nonlinear trends. Estuarine, Coastal and Shelf Science, 259: 107449.

Welch P, 1967. The use of fast Fourier transform for the estimation of power spectra: A method based on time averaging over short, modified periodograms. IEEE Transactions on Audio and Electroacoustics, 15(2): 70-73.

Wu Z, Huang N E, 2009. Ensemble empirical mode decomposition: A noise-assisted data analysis method. Advances in Adaptive Data Analysis, 1(1): 1-41.

第4章　海洋环境要素关联关系和信息挖掘

本章对太平洋环境因子和海面高度之间的影响关系进行研究，通过同步相关分析确定与海面高度有较强关系的环境因子，并对其进行超期、滞后相关分析，得到海面高度与环境因子间的影响关系。运用信息流理论，进一步分析海面高度与环境因子的因果关系，得到影响海面高度变化的主要环境因子。本章采用的数据为卫星遥感数据，数据时间范围为2010年1月1日～2015年12月31日，海洋环境因子包括海冰覆盖率、海表温度、降水、海面风速、海表盐度及 Nino 指数。除海洋环境因子外，选用热带大气海洋（tropical atmosphere-ocean，TAO）锚定浮标观测矩阵数据，用于寻找对海面高度有影响的气象环境因子，气象环境因子包括气温、相对湿度、热通量。

4.1　不同海洋环境因子对海面高度的影响

4.1.1　海面高度与海洋环境因子的相关分析

根据卫星遥感数据，运用统计平均计算方法，计算得到太平洋环境因子的日时间资料序列，并绘制时间变化曲线，如图 4.1 所示。

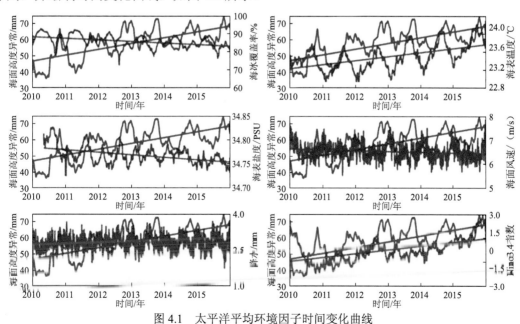

图 4.1　太平洋平均环境因子时间变化曲线

对太平洋平均海面高度资料和其他环境因子资料做相关分析，使用 90 天的滑动平均曲线进行相关分析，以减少日数据波动对整体相关性的影响，结果如图 4.2 所示。

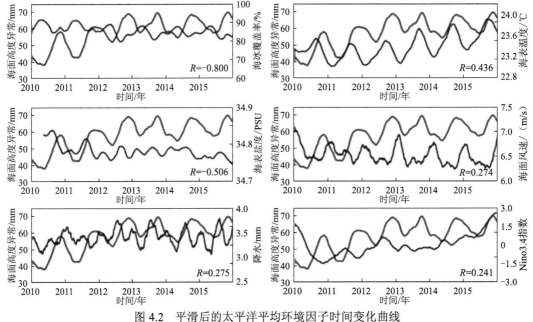

图 4.2　平滑后的太平洋平均环境因子时间变化曲线

1. 同步相关分析

相关系数是一个统计学上的指标，是研究两个变量之间线性相关程度的量，计算相关系数是分析变量间关联关系的常用方法，变量间的关联性可用相关系数大小表示。相关系数的绝对值越接近 1，说明两个变量间的相关程度越高。一般认为 0.8~1.0 表示两者存在高度线性相关性，0.5~0.8 表示两者存在显著线性相关性，0.3~0.5 表示两者存在一般线性相关性，0.2~0.3 表示两者存在低度线性相关性，0~0.2 表示两者不存在线性相关性。从表 4.1 可以看出太平洋平均海面高度异常与南北极海冰覆盖率的相关系数为-0.8，说明海面高度异常与海冰覆盖率为强负线性相关关系，较高的海冰覆盖率对应较低的海面高度，两者反向变化。太平洋海面高度异常与海表盐度的相关系数为-0.506，说明海面高度异常与海表盐度为强负线性相关关系，较高的海表盐度对应较低的海面高度。太平洋海面高度异常与海表温度的相关系数为 0.436，说明海面高度异常与海表温度为正线性相关关系，较高的海表温度对应较高的海面高度，两者同向变化。而海面高度异常与海面风速、降水和 Nino 指数的相关系数较小，说明海面高度与海面风速、降水和 Nino 指数的线性相关关系弱。

表 4.1　太平洋平均海面高度异常与海洋环境因子的相关系数

海洋环境因子	相关系数
海冰覆盖率	-0.8
海表盐度	-0.506
海表温度	0.436

海洋环境因子	相关系数
降水	0.275
海面风速	−0.273
Nino4 指数	0.265
Nino3.4 指数	0.241
Nino3 指数	0.227
Nino1 指数	0.172
Nino2 指数	0.134

2. 滞后相关分析

同期相关系数是研究在同相位时，两个变量之间是否存在某种依存关系，而海洋环境因子之间的影响存在时间滞后的特点，因此在表征海洋环境因子对海面高度异常的影响关系时，应对两者进行滞后相关分析。海面高度异常与海洋环境因子的滞后相关函数如下：

$$R_{XY}(L) = \begin{cases} \dfrac{\sum\limits_{k=0}^{N-|L|-1}(X_{k+|L|}-\bar{X})(Y_k-\bar{Y})}{\sqrt{\sum\limits_{k=0}^{N-1}(X_k-\bar{X})^2}\sqrt{\sum\limits_{k=0}^{N-1}(Y_k-\bar{Y})^2}}, & l<0 \\ \dfrac{\sum\limits_{k=0}^{N-L-1}(X_k-\bar{X})(Y_{k+L}-\bar{Y})}{\sqrt{\sum\limits_{k=0}^{N-1}(X_k-\bar{X})^2}\sqrt{\sum\limits_{k=0}^{N-1}(Y_k-\bar{Y})^2}}, & l>0 \end{cases} \quad (4\text{-}1)$$

式中：X 为海洋环境因子；Y 为太平洋平均海面高度异常序列。$l<0$ 时表示 X 滞后于太平洋平均海面高度异常，$l>0$ 时表示太平洋平均海面高度异常滞后 X。从图 4.3 可以看出，太平洋平均海面高度异常超前于平均海表盐度和 Nino 指数变化，而太平洋平均海表面高度滞后于海冰覆盖率、平均海表温度、海面风速和降水变化，滞后和超前时间不等。

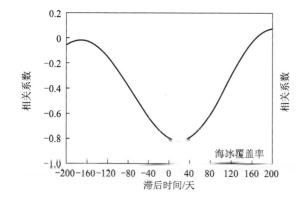

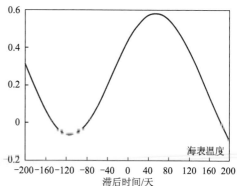

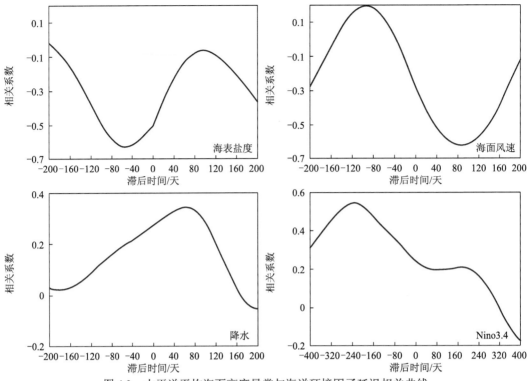

图 4.3　太平洋平均海面高度异常与海洋环境因子延迟相关曲线

　　根据滞后相关函数的最大相关系数进行排序，得到与海面高度异常有显著线性相关的海洋环境因子依次为海冰覆盖率、海表盐度、海面风速、海表温度、Nino3.4 指数和 Nino3 指数，如表 4.2 所示。海冰随着季节的变化而消长，Mitrovica 等（2001）利用模式数据分别模拟了当两极海冰和格陵兰岛冰雪融化后，全球海平面的变化，结果显示整体上太平洋海域是海平面变化最大的海域。太平洋海面高度异常受海冰的影响，这种影响受地理位置的限制存在一定的滞后性（Imani et al.，2018；Röske，1997）。除海冰消融的影响外，太平洋海面高度异常还与太平洋海水比容有关。申辉等（2003）给出全球平均海面高度异常与海表温度的最大相关系数为 0.50，并且存在 8 个月的延迟（海面高度滞后），得出太平洋平均海面高度异常与海表温度的最大相关系数为 0.582，并且存在 2 个月左右的时间延迟（海面高度滞后）的结论（左军成 等，2015；蔡怡 等，2008；袁林旺 等，2008）。这主要是因为不同海域的海面高度异常和海表温度自身的年振幅信号存在不同时间的延迟，在进行叠加后，全球尺度上的结果会异于某海域的结果。因此在分析太平洋平均海面高度变化时，得到海面高度异常与海表温度之间存在 2 个月左右的时间延迟与全球尺度上分析得到的 8 个月左右的时间延迟并不矛盾。海表盐度与海面高度异常存在显著的负线性相关关系，相关系数为-0.634。根据海水状态方程可知，海水盐度的升高（降低）会引起海水密度增大（减小），从而导致海水体积减小（增大），引起海平面下降（抬升）。纬向风速空间分布不均是引起海面高度变化具有区域特征的主要原因，太平洋海面高度异常与海面风速呈现负的线性相关关系，相关系数为-0.618，这主要是因为表层风应力作用与表层海水，必然会引起表层海水与之做相同方向的流动，导致当地海水流失，海面高度下降。Nino3

和 Nino3.4 指数与太平洋海面高度异常的相关系数分别为 0.501 和 0.544，并且滞后海面高度异常 8 个月左右。顾小丽等（2008）使用站点数据对东西太平洋的海面高度与 Nino3 指数进行相关分析，得到东西太平洋海面高度异常与 Nino3 指数呈现显著的线性相关性。

表 4.2　太平洋平均海面高度异常与海洋环境因子的相关系数

海洋环境因子	同期相关系数	滞后相关系数	滞后时间/天
海冰覆盖率	-0.8	-0.819	20
海表盐度	-0.506	-0.634	-53
海面风速	-0.273	-0.618	88
海表温度	0.436	0.582	55
Nino3.4 指数	0.241	0.544	-233
Nino3 指数	0.228	0.501	-235
Nino4 指数	0.265	0.469	-262
降水	0.275	0.344	63
Nino1 指数	0.172	0.306	-172
Nino2 指数	0.134	0.290	-277

除海洋环境因子外，本小节对气象因子与海面高度之间的相关关系进行分析。数据为 TAO 锚定浮标阵列数据，该浮标阵列是由太平洋华南环境实验室（Pacific Marine Environmental Laboratory，PMEL）建立的，浮标主要分布在赤道太平洋海域，测量深度为水下 1 m。选取试验浮标（0°N，180°W）数据作为寻找影响海面高度气象因子的试验数据。数据包括海洋动力高度、气温、湿度和海水热通量，本小节将海洋动力高度表征为海面高度。其中海水热通量是海水热量收支平衡的状态，主要能力来源于太阳辐射。对该锚定浮标处的海面高度与气象因子间相关关系进行分析，结果如表 4.3 所示。其中热通量与海面高度的相关性最强，海水热通量收支的分布特征与海水温度、海面风、海流密切有关，从而间接影响了海面高度的变化。气温和湿度与海面高度的相关性较弱。

表 4.3　海面高度与气象因子的相关系数

气象因子	同期相关系数	滞后相关系数	滞后时间/天
气温	0.350	**0.494**	-195
湿度	-0.381	**-0.392**	54
海水热通量	0.974	0.974	0

4.1.2　海面高度与海洋环境因子的因果分析

因果分析是理解动态事件的关键，广泛应用在神经科学、金融经济学、地球科学等领域。目前在对影响海表温度、海面高度变化因子的研究中，绝大多数采用计算相关系数的方法，通过时间滞后相关分析来对海表温度、海面高度与环境因子进行因果推断和分析。但是对于两个时间序列，相关分析是双向的，无法准确地判定在一个周期变化中，相位差是由滞后引起的还是超前引起的，因此，依靠滞后相关分析无法准确表征因果关系。本小节采用基于信息流的因果分析方法，以一种更加严格且定量的方式进一步分析海面高度与环境因子间的因果关系。

1. Liang-Kleeman 信息流及时序因果分析

信息流是一个物理概念，具有严格的物理含义和计算公式，用于衡量动态事件之间的因果关系，它长期以来被认为是一种恰当的因果关系测定方法，因为两个事件之间的信息交换量不仅说明了因果关系的大小，并且还表明了方向。Liang 等（2005）经过一系列的研究，用一个精确的方式表达给定动力系统中的信息流，构建因果关系表征系数，刻画两个序列间的因果关系。Liang-Kleeman 信息流理论是基于如果序列 X_1 的发展演变独立于序列 X_2，那么 X_2 到 X_1 的信息流为 0 这一信息流因果律定理。将海面高度与环境因子设为两个时间序列 X_1、X_2，序列 X_2 到序列 X_1 的信息流可以表示为

$$T_{2\to1} = \frac{C_{11}C_{12}C_{2,d1} - C_{12}^2 C_{1,d1}}{C_{11}^2 C_{22} - C_{11}C_{12}^2} \tag{4-2}$$

式中：C 为协方差；$C_{1,d1}$ 为 X_1 与 $\dot{X}_1$ 的协方差，且有

$$\dot{X}_1 = \frac{X_{1,N+1} - X_{1,N}}{\Delta t} \tag{4-3}$$

当 $|T_{2\to1}| \neq 0$ 时，表示 X_2 变化会引起 X_1 的变化。并且 $T_{2\to1} > 0$ 时，表明 X_2 使 X_1 的熵增加，导致 X_1 波动较大，可预报性降低。$T_{2\to1} < 0$ 时，表明 X_2 使 X_1 的熵减少，导致 X_1 趋于平稳，可预报性增强。本小节需要寻找影响海面高度变化的环境因子，考虑恩索（ENSO）事件中 Nino3.4 指数相对于其他指数与海面高度的相关性较强，仅取 Nino3.4 指数作为 ENSO 事件来进行相关研究。

2. 单点因果关系分析

本小节刻画环境因子对海面高度的影响程度，仅考虑 $T_{x\text{-sla}}$ 的值，并且认为当 $|T_{x\text{-sla}}| > 0.1$ 时，环境因子对海面高度有显著影响影响。选取试验浮标（$0°\text{N}$，$180°\text{W}$）数据，进行海面高度与环境因子的因果关系分析，该数据为 TAO 锚定浮标数据，测量深度为水下 1 m。数据包括海洋动力高度（这里用海洋动力高度表征海面高度，用 sla 表示），以及气温、相对湿度和海水热通量等大气环境因子。图 4.4 所示为海面动力高度与环境因子间的信息流结果图，其中 $|T_{\text{airt-sla}}| < 0.1$ 和 $|T_{\text{rh-sla}}| < 0.1$ 表示空气温度和湿度到海面动力高度的信息流小于 0.1，表明空气温度和湿度对海面动力高度的变化几乎无影响。$|T_{\text{heat-sla}}| > 0.1$ 即热通量到海面动力高度的信息流绝对值远大于 0.1，表明该点的气温和湿度对海面动力高度的变化影响较小，该点的海面动力高度受海水热通量的影响最大。$T_{\text{heat-sla}} < 0$ 表明海水热通量变化使海面动力高度时间序列的熵减少，导致海面动力高度变化趋于平稳，且通过海水热通量对海面动力高度的可预报性增强。

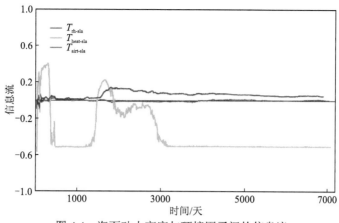

图 4.4　海面动力高度与环境因子间的信息流

图 4.5 给出了太平洋平均海面高度异常与海表温度、海面风速之间的信息流。从图中可以看出，随着数据长度的增加，信息流将趋于稳定，并用该值表示两个变量的信息流。图 4.5（a）中 $T_{sst-sla}$ 和 $T_{sla-sst}$ 都为非 0，说明太平洋平均海面高度异常与海表温度之间互为因果关系，即海表温度的变化也会引起海面高度的变化，海面高度变化会引起海表温度的变

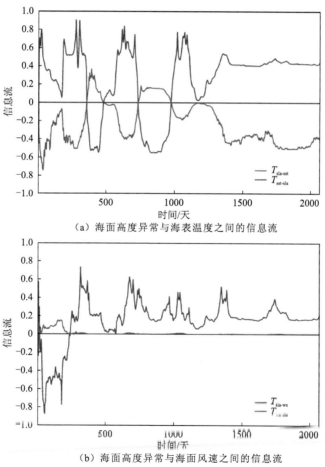

（a）海面高度异常与海表温度之间的信息流

（b）海面高度异常与海面风速之间的信息流

图 4.5　太平洋海面高度异常与环境因子之间的信息流

化。同时 $T_{\text{sst-sla}} > 0$ 表明海表温度序列的变化会使海面高度序列的熵增加，且波动剧烈，导致海面高度的可预报性降低。图 4.5 (b) 中 $T_{\text{ws-sla}}$ 为非 0 且 $T_{\text{sla-ws}}$ 趋于 0，说明太平洋平均海面高度异常与海面风速之间为单向因果关系，即海面风速的变化会引起海面高度的变化，而海面高度的变化并不会引起海面风速的变化，并且对海面高度的可预报性降低。

图 4.6 给出了太平洋海面高度异常与多个海洋环境因子间的信息流。图中除 Nino3.4 指数到太平洋的信息流趋于 0 外，其他海洋环境因子到太平洋的信息流大于 0.1，说明太平洋平均海面高度受海冰覆盖率（ice）的影响最大，接下来依次是海表温度（sst）、海表盐度（sss）、海面风速（ws）和降水（pr），Nino3.4 指数对太平洋平均海面高度的变化几乎没有影响。值得注意的是，结果显示 Nino3.4 指数到海面高度异常 Nino3.4 指数的变化并不影响太平洋平均海面高度变化，这主要是因为 Nino3.4 指数是 Nino 区的海表温度距平结果，对太平洋整体海面高度变化的贡献会小于其他表征太平洋整体状态的海洋环境因子的贡献。

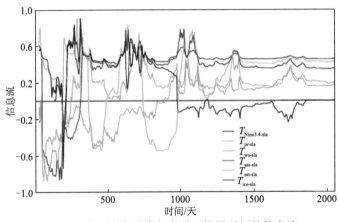

图 4.6　海面高度异常与海洋环境因子间的信息流

3. 区域因果关系分析

为了能够更全面地认识各海洋环境因子对海面高度的因果影响，绘制太平洋海域环境因子到海面高度异常的信息流空间分布，全面给出海洋环境因子对海面高度异常影响显著的区域，如图 4.7 所示。图 4.7 (a) 和 (b) 表示的是海表温度和海表盐度到海面高度异常的信息流空间分布。结果显示，相比于其他海洋环境因子，海表温度和海表盐度对海面高度异常影响显著的海域较大，除部分低纬度海域外，太平洋其他海域的海表温度和海表盐度对海面高度异常有显著影响，并且在低纬度海域的信息流传递为负值，表明该海域海表温度和海表盐度变化会引起海面高度异常的剧烈波动；高纬度海域的信息流传递为正值，表明该海域海表温度和海表盐度变化会导致海面高度异常变化趋于平稳。这是因为影响海平面变化的主要因素有大气中的斜压 Rossby 波、海水的温盐比容及风应力的强迫，其中海水比容主要作用在中纬度海域。

图 4.7 (c) 表示的是海冰覆盖率到海面高度异常的信息流空间分布。从图中看出海冰覆盖率对海面高度异常影响显著的海域主要集中在热带太平洋海域。杨冬红等（2004）在研究中给出格陵兰冰盖和南极西部冰盖融化后导致全球海平面变化的速率，在太平洋海域，

热带太平洋的海平面上升速率快于高纬度的太平洋海域。这主要是因为格陵兰冰盖融化后，其周围的海平面下降的同时会导致北极地区大气等位面降低，使融化的冷海水及北极冷空气向中低纬度海域流动，中低纬度海域冷热空气碰撞，更容易引发极端天气，导致海面高度变化。

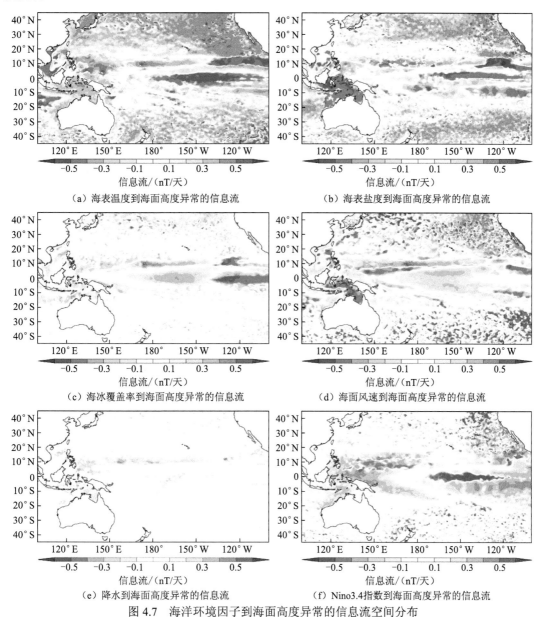

图 4.7　海洋环境因子到海面高度异常的信息流空间分布

　　图 4.7（d）表示的是海面风速到海面高度异常的信息流空间分布。从图中看出，海面风速对海面高度异常影响显著的海域主要集中在热带太平洋流域，整体上往西太平洋偏移。东太平洋流域海面风速到海面高度异常的信息流为正值，西太平洋海域海面风速到海面高度异常的信息流有正有负，在爪哇海至澳大利亚的封闭海域，海面风速到海面高度异常的信息流为负值，在中国东部海域沿海多为正值。研究表明，全球的海面风场变化具有很明

显的地域特征，不同的海区风向及海面风速变化特征不同，在热带西太平洋海域为东风，而在热带东太平洋则为西风（Shao et al.，2015；杨冬红 等，2014；张吉 等，2014；王国栋 等，2011；申辉 等，2003）。由第 3 章可知，风场的空间分布特征与海面高度变化速率的空间分布特征关系密切。热带西太平洋所在海域正好是印度洋的西风与太平洋的东风交汇之处，在两者的风应力作用下海面高度变化会比仅为吹西风的东太平洋大，并且在西太平洋海水与风同向流动，导致海水在沿岸和狭窄海域堆积，影响该海域的海面高度变化。

图 4.7（e）表示的是降水到海面高度异常的信息流空间分布。结果显示，相比于其他海洋环境因子，降水对海面高度异常的影响较弱，并且主要集中在热带海域。降水直接导致海水水量的增加，影响海面高度的变化。大气的强对流运动会引起热带区域产生大量降水，从而影响海面高度变化。

图 4.7（f）表示的是 Nino3.4 指数到海面高度异常的信息流空间分布。可以看到 Nino3.4 指数对海面高度异常影响显著的海域主要集中在热带太平洋海域，且有明显的东西分布特征。在热带西太平洋海域呈现马鞍形分布，在东太平洋主要是沿冷舌区域分布。这主要是因为 ENSO 事件发生时，赤道太平洋上 400 m 热含量变化具有明显的特征，表现为热带太平洋海域热含量变化剧烈的海域主要集中在三个位置，分别为西太平洋赤道北侧（6°N～10°N）、西太平洋东侧（8°S～10°S）、东太平洋冷舌区（于卫东 等，2003）。赤道太平洋的海水热含量发生变化，导致海水膨胀（冷缩），海水体积增加（减小），海面高度上升（下降）。

4.1.3　影响海面高度的海洋环境因子的关联规则挖掘

结合相关分析和因果分析，海冰覆盖率、海表温度、海表盐度、海面风速和热通量与海面高度异常有较强的相关关系，各海洋环境因子到海面高度异常呈现明显的正信息流；降水与海面高度异常间的相关关系较弱，但降水到海面高度异常的信息流大于 0.1；Nino3.4 指数与海面高度异常的信息流趋近于 0，但其与海面高度异常有较强的相关关系；空气温度和湿度与海面动力具有高度的相关关系，并且到海面动力高度的信息流小于 0.1。可以得到对太平洋海面高度异常有显著影响的海洋环境因子有 5 个：海冰覆盖率、海表温度（Nino3.4 指数）、海表盐度、海面风速、降水。

海冰覆盖率主要影响太平洋的平均海面高度变化，对区域海面高度的影响具有区域特征。海冰覆盖率影响海面高度的区域主要集中在热带太平洋海域，这主要是由于两极海冰融化，冷水和两极冷空气往中低纬度地区传输，易造成极端天气发生致使海面上升。海表温度和海表盐度影响海面高度的范围为太平洋全部海区，对太平洋的海面高度变化的贡献最大。根据海水状态方程可知，海表温度和海表盐度是影响海水体积的重要因子，二者通过影响海水比容来影响海面高度。海面风速影响海面高度，影响区域主要在热带太平洋区域，并且影响范围集中在西侧。受热带太平洋东风异常和印度洋西风异常影响，西太平洋沿岸和狭窄海域的海面高度变化更加明显。Nino3.4 指数对海面高度的影响区域主要集中在热带太平洋海域，其主要是通过影响热带太平洋表层海水的热含量，从而影响海面高度的变化。降水相对于其他海洋环境因子对海面高度影响较弱，主要集中在热带海域。

将所得到的对海面高度影响较大的 5 个海洋环境因子作为输入，通过基于改进的 Apriori 算法，对太平洋海面高度与海洋环境因子的关联规则进行挖掘，从众多关联规则中寻找海面高度异常与海洋环境因子的关联规则。

海洋环境因子的关联规则不仅可以反映各因子之间的关联特征，还能揭示各因子间关联特征的动态变化（El-Diasty et al.，2018；Zhang et al.，2009；Wilson et al.，2001）。本小节在 Apriori 算法的基础上，增加归一化互信息这一指标，对 Apriori 算法进行改进，以减少遍历事务表的次数。

1. 基于改进的 Apriori 关联规则挖掘算法

Apriori 算法由 Agrawal 等（1998）提出，最初是针对"购物篮"问题提出的，目的是发现顾客的购买模式，即如果购买了某一件商品后，对购买其他商品的影响。在 Apriori 算法提出之前，寻找关联规则一般通过蛮力法，而 Apriori 算法可生成所有可能的项集，并根据事务数据库计算它们的支持程度，通过支持度进行频繁项集的选取。Apriori 算法是挖掘产生布尔关联规则所需频繁项集的基本算法，是一个很有影响力的关联规则挖掘算法。该算法利用一个层次顺序搜索的循环方法来完成频繁项集的挖掘工作，这一循环就是利用 k-项集来产生（$k+1$）-项集。主要搜索步骤为首先找出频繁 1-项集，记为 L_1；其次利用 L_1 来挖掘 L_2，即得到频繁 2-项集；最后不断如此循环下去直至无法发现更多的频繁 k-项集为止。每挖掘一层 L_k 就会需要扫描整个数据库一遍。Apriori 算法步骤如下。

（1）记 L_k 为频繁 k-项集的集合，从 L_1 开始：将 L_{k-1} 与其自身进行连接操作，产生候选的 k-项集的集合 C_k；其中连接操作是对于 L_{k-1}，假设所有项集的元素都已经过排序，如果两个项集 A 和 B 的前 $k-2$ 个项都相同，则 A 和 B 可以进行连接，连接生成的项集为

$$\begin{cases} A = \{A(1)A(2)\cdots A(k-2)A(k-1)\} \\ B = \{A(1)A(2)\cdots A(k-2)B(k-1)\} \\ A \wedge B = \{A(1)A(2)\cdots A(k-2)A(k-1)B(k-1)\} \end{cases} \quad (4\text{-}4)$$

对 C_k 中的每个项集，扫描事物数据库，获得各个项集的支持度，并根据最小值支持度阈值获得 L_k。重复第一步至 L_k 为空。

（2）由频繁项集产生关联规则：①对每个频繁项集 L，产生其所有的非空子集；②对于 L 的每个非空集合，如果 $\dfrac{\sup(L)}{\sup(S)} \geqslant \min\_conf$，则输出规则 $L \Rightarrow S$。

2. 关联规则算法的相关概念与定义

1）事务数据表

假设有一个海洋环境因子数据表，如表 4.4 所示，用该数据表来解释关联规则挖掘涉及的相关概念。表中用[-2:2]来分别表示环境因子的不同状态，即异常降低、降低、正常状态、升高、异常升高。每一行表示一组记录，此处称为事务，用 T 表示，因此可知，事务 1 中的记录为 $T[\text{SLA}0,\text{SST}1,\text{SSS}0,\text{ICEC}-1]$。

表 4.4　海洋环境因子数据表

事务	SLA	SST	SSS	ICEC	...
1	0	1	0	−1	
2	1	2	−1	−1	
3	2	2	−2	−2	
4	2	2	−2	−2	
5	2	0	−1	−1	
...					
T	−1	1	0	1	

注：SLA 为海面高度异常；SST 为海表温度；SSS 为海表盐度；ICEC 为海冰覆盖率

2）项集

项集是事务数据表中所有项的集合，如果某一项集包含项集的数量为 n，则称该项集为 n-项集，以表 4.4 为例，对于事务 1，1={SLA0,SST1,SSS0}称为 3-项集，1={SLA0, SST1, SSS0, ICEC‐1}则称为 4-项集。

3）支持度

事务数据表中包含特定项集的事务数称为 X 的支持度计数，用 $n(x)$ 表示，事务数据表中的事务总数用 T（数据长度）表示，则 X 的支持度表示项集 X 在事务数据表中所占的比例，记为 sup(X)，用公式表示为

$$\text{sup}(X) = \frac{n(x)}{T} \times 100\% \tag{4-5}$$

对于形如 ICEC‐2 ⇒ SLA2 的关联规则，其支持度表示的是数据表中海冰覆盖率异常降低和海面高度异常异常升高的发生天数占总天数的比例。支持度衡量某一关联规则的重要性。大于最小支持度的项集称为频繁项集。

4）置信度

对于形如 ICEC‐2 ⇒ SLA2 的关联规则，该置信度表示项集[ICEC-2,SLA2]的支持度占项集[ICEC-2]的支持度的百分比，用来表征海冰覆盖率异常降低的发生对海面高度异常升高发生的可信度，记为 conf (ICEC‐2 ⇒ SLA2)，用公式表示为

$$\text{conf (ICEC‐2} \Rightarrow \text{SLA2)} = \frac{\text{sup(ICEC‐2} \Rightarrow \text{SLA2)}}{\text{sup(ICEC‐2)}} \times 100\% \tag{4-6}$$

5）提升度

对于形如 ICEC‐2 ⇒ SLA2 的关联规则常用提升度来表征海冰覆盖率异常降低的发生对海面高度异常升高的发生的影响，一般情况下提升度越大越好，记为 lift(ICEC‐2 ⇒ SLA2)，用公式表示为

$$\text{lift(ICEC} - 2 \Rightarrow \text{SLA2}) = \frac{n(\text{ICEC} - 2, \text{SLA2}) \times n\overline{(\text{ICEC} - 2)}}{n(\text{ICEC} - 2, \text{SLA2}) \times n(\text{ICEC} - 2)} \qquad (4\text{-}7)$$

最终通过提升度来定量刻画海洋环境因子对海面高度异常的影响程度。

3. 关联规则算法的步骤

1）构建事务数据表

构建海洋环境因子的事务数据表是进行关联规则挖掘的前提和关键，其主要包括海洋环境因子距平计算和离散化。距平计算是为了移除环境因子的季节信号，离散化是为了简化关联规则的挖掘流程，提高关联规则的挖掘效率。

来自地球科学数据的模式常常因数据中存在季节性变化而困扰。尽管诸如春季、夏季、秋季、冬季或雨季/旱季等年度模式很重要，但它们已经广为人知。地球科学家主要感兴趣的模式，代表偏离正常的季节周期。这种模式包括反常的气候事件，如干旱、洪水、热浪等。只有去掉气候时间序列的季节成分，这种异常才会变得明显。本小节采用的是日数据，因此参考标准化月均距平算法 Z-score 来去除季节特征成分，这里应注意，需要用日数据减去对应的日平均，公式如下：

$$X'_{i,j} = \frac{X_{i,j} - \bar{X}_j}{\delta_j}, \qquad j = 1, 2, \cdots, 366 \qquad (4\text{-}8)$$

式中：i 为年；j 为日；$X_{i,j}$ 为长时间序列中第 i 年 j 日的原始数据；$X'_{i,j}$ 为对应的日均距平值；$\bar{X}_j$ 和 δ_j 分别为第 i 年第 j 日组成的时间序列的平均值和标准差。

海洋环境因子离散化是指将连续的环境因子时间序列离散，以便于关联规则的挖掘。在海洋现象中，海洋环境因子的变化基本上符合正态分布，因此采用数据的均值和标准差来实现数据离散化，具体如下：

$$X'(t) = \begin{cases} 2, & \mu + \delta < X(t) \\ 1, & \mu + 0.5\delta < X(t) \leqslant \mu + \delta \\ 0, & \mu - 0.5\delta < X(t) \leqslant \mu + 0.5\delta \\ -1, & \mu - \delta < X(t) \leqslant \mu - 0.5\delta \\ -2, & X(t) \leqslant \mu - \delta \end{cases} \qquad (4\text{-}9)$$

式中：X 为距平后的时间序列；μ 和 δ 分别为 X 的均值和标准差，是 X' 是离散化后的海洋环境因子序列。这样，海洋环境因子就被离散化成了 5 个等级，依次为-2、-1、0、1、2，它们分别表示某海洋环境因子的异常升高、升高、正常状态、降低、异常降低 5 个状态。与海洋环境因子离散化相类似，Nino 指数的时间序列也依据均值和标准差被分成 5 个等级，依次表示强厄尔尼诺事件、弱厄尔尼诺事件、正常情况、弱拉尼娜事件、强拉尼娜事件。

2）计算归一化互信息

Apriori 算法在得到事务数据表后将遍历事务数据表，计算最小支持度寻找频繁 1-项集，并通过剪枝和连接，将频繁 1-项集两两相互连接，通过计算最小支持度和置信度得到频繁 2-项集，以此循环最终得到频繁 k-项集。由于环境因子间不一定存在相关性，为减少遍历事务数据表的次数，通过计算离散化后的海洋环境因子间的归一化互信息，得到依赖性较强的海洋环境因子，以此作为寻找频繁2-项集的输入，避免在搜索频繁项集时遍历的时间。

在概率论和信息论中，两个随机变量的互信息（mutual information，MI）是变量间相互依赖性的度量。不同于相关系数，互信息不局限于实值随机变量，它更加一般，可以度量离散随机变量间的关系。设 $X=(a_1,a_2,\cdots,a_i)$ 和 $Y=(b_1,b_2,\cdots,b_j)$ 为两个离散随机变量，两者间的互信息量 $I(X,Y)$ 定义为

$$I(X,Y)=\sum_{a_i\in X}\sum_{b_j\in Y}p(a_i,b_j)\lg\frac{p(a_i,b_j)}{p(a_i)p(b_j)} \qquad (4\text{-}10)$$

式中：$p(a_i)$ 为 $X=a_i$ 的出现概率；$p(b_j)$ 为 $Y=b_j$ 的出现概率；$p(a_i,b_j)$ 为联合概率。虽然互信息可以很好地度量两个离散变量之间的紧密关系，但在多个变量之间比较时，不同变量间的熵值差异较大，导致不同变量间互信息的范围不同。为了统一范围，使用归一化互信息进行计算（Ke et al.，2008）：

$$\overline{I}(X,Y)=\frac{I(X,Y)}{\max\{H(X),H(Y)\}} \qquad (4\text{-}11)$$

式中：$H(X)$ 和 $H(Y)$ 分别为变量 X 和 Y 的熵，且有

$$H(X)=-\sum_{a_i\in X}p(a_i)\lg p(a_i) \qquad (4\text{-}12)$$

算法伪代码如下。

算法描述：计算归一化互信息

输入：离散化后的海洋环境因子事务数据库 D

输出：具有强依赖关系的环境因子对 f

```
For each D
   i∈D
   j∈D
  NMI_ij=asymmetric normalized mutual information(i,j)
Endfor
mean_nim=mean(NMI)
f=where NMI_ij >mean_nim
```

算法描述：频繁2-项集

输入：具有强依赖关系的环境因子对 f(i,j)

输出：频繁项集 F2，最小支持度 sup_min

```
For each f
  Go through D count the support(s) of f
  If (s >sup_min)
Add f(i,j) to F2
endif
Endfor
```

3）频繁 k 项集

将归一化互信息的结果作为输入，分别遍历环境因子，根据最小支持度和置信度，筛选得到频繁 2-项集。根据 Apriori 算法的连接和剪枝原理，循环反复得到频繁 k-项集。例如假设在归一化互信息的计算中 ICEC 与 SLA、SLA 与 Nino 指数为强依赖关系，则可以计算每个因子的每个状态的支持度和置信度，通过最小支持度和置信度筛选频繁 2-项集，形如 $I_1 = [ICEC-2, SLA2]$，$I_2 = [SLA2, Nino2]$。接着连接项集 I_1 和项集 I_2，计算支持度和置信度，若通过最小支持度和置信度的检验则成为频繁 3-项集 $I_1 = [ICEC-2, SLA2, Nino2]$。算法伪代码如下。

```
算法描述：计算频繁 k 项集
输入：频繁（k-1）-项集 F_{k-1}
输出：频繁 k-项集 F_k
For all itemset m ∈F_{k-1} Do
  For all itemset n ∈ F_{k-1} Do
   IF m[1]=n[1]^m[2]=n[2]^m[3]=...= n[k-2]^m[k-1]≠n[k-1]
   C_k 候选集=m×n[k-1]
   计算 C_k 候选集中的每一项的支持度
   If sup_C_k > sup_min
   Add C_k to F_k
Return F_k
```

4）强关联规则

在事务数据表中，若一个关联规则的支持度大于最小支持度、且置信度大于最小置信度，则称该关联规则为强关联规则。在实际应用中，还需考虑规则的提升度（提升度一般大于 1，否则规则没意义），以判定规则发生时事件间的影响程度。例如一条关联规则为 $ICEC-2 \Rightarrow SLA2$，提升度为 3，则表示海冰覆盖率出现异常降低会使海面高度异常升高发生的概率提高 3 倍。算法伪代码如下。

```
算法描述：生成强关联规则
输入：频繁 k-项集 F_{k-1}, 最小置信度 conf_min, 最小提升度 lift_min
输出：强关联规则
Each frequent itemset f_k in F_k, all subsets{X} from f_k
For each X_m in {X}
  Conf=conf(X_m, f_k)
  Lift=lift(X_m, f_k)
  If(conf > conf_min ^ lift >lift_min)
  Output rule(X_m, f_k, X_m)
  Endif
endfor
```

4. 基于关联规则挖掘的海洋环境因子

由于 Nino3 和 Nino3.4 指数对太平洋海面高度异常的影响程度相当，为了避免重复挖掘，仅对海面高度异常、海冰覆盖率、海表温度、海表盐度、海面风速和 Nino3.4 指数的关联规则进行挖掘。

在关联规则挖掘算法中，设置的最小支持度会影响频繁项集和关联规则的数量。如果最小支持度的阈值过低，会导致挖掘出的关联规则结果冗余；如果设置的最小支持度的阈值过高，则会丢失一些有意义的关联规则。图 4.8 所示为频繁 2-项集数与最小支持度的关系曲线，取关系曲线斜率变化突变点的支持度作为实验的最小支持度，最小支持度为 0.10。

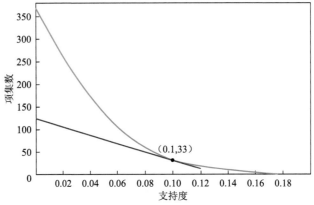

图 4.8　频繁 2-项集数与最小支持度的关系曲线

使用关联规则挖掘算法，一共得到 33 个频繁 2-项集，将最小置信度设为 50%，提升度设为 1，最终得到关联规则 21 条，选取提升度较高的 9 条列举，如表 4.5 所示。

表 4.5　关联规则挖掘结果

编号	关联规则	支持度(sup_min=0.1)	置信度/%(conf_min=0.5)	提升度 Lift>1
1	sst[2]⇒El Nino[2]	0.145	70	34.61
2	El Nino[2]⇒sst[2]	0.145	90	12.02
3	icec[2]⇒sla[-2]	0.144	66	11.10
4	sla[-2]⇒sss[2]	0.113	59	9.17
5	sla[-2]⇒La Nina[-2]	0.125	66	8.67
6	La Nina[-2]⇒sla[-2]	0.126	67	8.36
7	sla[-2]⇒icec[2]	0.145	76	8.22
8	sss[2]⇒sla[-2]	0.113	68	7.33
9	sss[2]⇒La Nina[-2]	0.101	61	5.92

规则 1 表示太平洋平均海表温度和 ENSO 事件的关系，即太平洋海表温度发生异常升

高，同时太平洋发生强的 ENSO 事件，两者共同发生的概率为 70%，并且太平洋平均海表温度异常升高能 34.61 倍地提升 ENSO 事件发生的概率。规则 2 表明 ENSO 事件的发生同时太平洋平均海表温度发生异常升高的概率为 90%。规则 1 和规则 2 说明太平洋平均海表温度异常是致使 ENSO 事件的原因。

规则 3 表示两极海冰迅速异常凝结，同时太平洋平均海面高度出现异常降低，两者同时发生的概率为 66%，并且两极海冰融化后能够 11.1 倍地提升太平洋平均海面高度异常升高的概率。可以看出海冰消融会对太平洋平均海面高度造成影响，对太平洋平均海面高度异常的贡献巨大。规则 6 表示太平洋海域发生强拉尼娜（La Nina）事件同时太平洋平均海面高度出现异常降低的概率为 67%，并且强 La Nina 事件发生能够 8.36 倍地提升太平洋平均海面高度异常降低的概率。规则 8 表示太平洋平均海表盐度出现异常上升，同时太平洋平均海面高度出现异常下降的概率为 68%，并且太平洋平均海表盐度上升能够 7.33 倍地提升太平洋平均海面高度下降的概率。

关联规则挖掘除了挖掘海表温度和海面高度与 ENSO 事件的关系，还找到了一条关于盐度与 ENSO 事件的规则。规则 9 表示太平洋平均海表盐度出现异常升高，同时太平洋海域发生 La Nina 事件的概率为 61%，并且太平洋平均海表盐度发生异常升高能够 5.92 倍地提升 La Nina 事件的发生概率。

使用遥感网格化数据，对太平洋海域海面高度与海洋环境因子的关联规则进行挖掘，研究海面高度与海洋环境因子的关联规则的空间分布特征，结果如图 4.9 和图 4.10 所示。

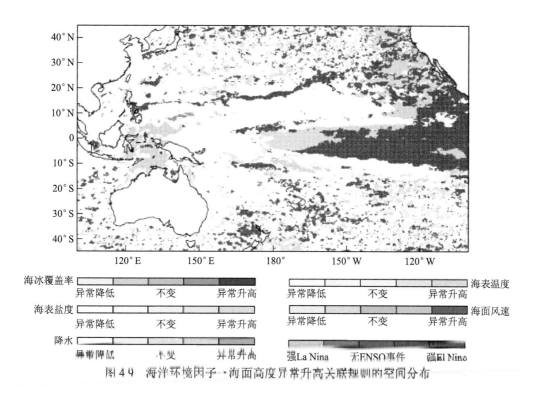

图 4.9　海洋环境因子–海面高度异常升高关联规则的空间分布

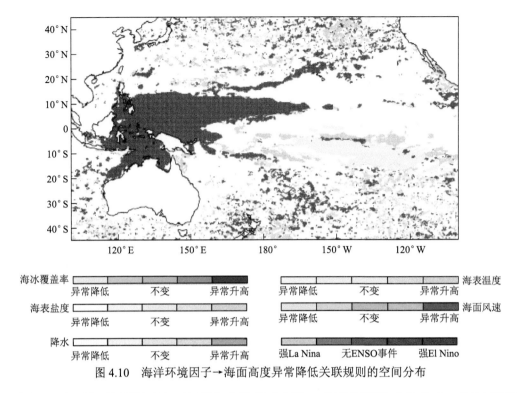

图 4.10　海洋环境因子→海面高度异常降低关联规则的空间分布

图 4.9 表示海洋环境因子→海面高度异常升高这一关联规则的空间分布。可以看到，在发生强厄尔尼诺（La Nina）事件时热带西太平洋靠近班达尔海附近海域的海面高度会异常上升。发生强 El Nino 事件时，热带东太平洋海域的海面高度异常上升。在热带中太平洋（150°W～180°W）海域，当该海域的海表温度异常升高时，海面高度会异常上升。

图 4.10 所示为海洋环境因子→海面高度异常降低这一关联规则的空间分布。可以看到，发生强 El Nino 事件时，热带西太平洋海域的海面高度异常降低。在东太平洋 10°S 附近海域，当该海域的海表温度异常降低时，海面高度异常降低。

El Nino 现象发生期间，西太平洋暖池中部和赤道东太平洋出现风场异常，在西太平洋暖池中部为西风异常，而赤道东太平洋上为东风异常。因此在发生 El Nino 事件时，西太平洋暖池区海面高度下降，赤道东太平洋海域海面高度上升。

以太平洋海域为研究区域，对该海域的海面高度和其他环境因子进行实验，挖掘海面高度与海洋环境因子的关联规则。使用海面高度及其他 5 类对海面高度影响较大的海洋环境因子数据，海表温度（Nino3.4 指数）、海表盐度、海面降水、海面风速和海冰覆盖率，进行共同发生海洋要素异常事件关联规则挖掘，并利用所得到的关联规则进行关联分析。主要针对相同区域的不同海洋环境要素之间的关联关系，具体包括两极海冰覆盖率、ENSO事件和海表盐度与太平洋平均海面高度之间的关系；ENSO 事件与太平洋不同海域的海面高度之间的关系。所描述的异常升高表示当时水平高于该要素时间序列平均值再加上 1 倍的标准差；异常降低表示当时水平低于该要素时间序列平均值再加上 1 倍的标准差。结果表明海冰覆盖率将会 11.10 倍地提升太平洋平均海面高度异常升高事件发生的概率；太平洋平均海表盐度发生异常升高将会 8.36 倍地提升太平洋平均海面高度异常降低的概率；太平洋发生强 La Nina 事件将会 7.33 倍地提升太平洋平均海面高度异常降低的概率。强 El

Nino 事件发生时，热带西太平洋海面高度会异常降低，热带东太平洋海面高度会异常上升。强 La Nina 现象发生时，主要影响热带西太平洋海面高度变化。海表温度主要影响东太平洋海面高度变化。

4.2　三维温盐结构对海水透明度的影响

海水透明度作为描述海水光学性质的重要参数之一，表示太阳光在海水中透射的深度，它与海水的物理化学性质、悬浮物浓度、海洋动力情况有着密切的关系，受到多种因素的影响。研究表明，海水深度、季风活动、陆地径流等因素是影响我国近海海域海水透明度变化的主要原因，其中部分海域如南海北部和台湾海峡海域的海水透明度还受到黑潮的影响（张春桂 等，2015；费尊乐，1986；黎洁溪，1985）。付东洋等（2009）指出"百合"台风过后的叶绿素 a 浓度和海水透明度的变化具有较高的相关性。杨生光等（1987）利用实测数据，建立了海水透明度与叶绿素 a 的关系模型。平仲良（1993）建立了黄海的海水透明度和悬浮体含量的关系。上述的定量研究大都针对叶绿素 a 和悬浮物浓度这两种因素，而海水的温度和盐度作为重要的海洋环境要素，其变化对海水水体环境有重要影响，但是水下温盐结构与海水透明度的影响关系鲜见报道。

4.2.1　表层海水温度和盐度对海水透明度的影响

计算表层海水温度到海水透明度的信息流($T_{\text{sst-sdd}}$)和海水盐度到海水透明度的信息流($T_{\text{sss-sdd}}$)，并分析表层海水温度和盐度对海水透明度的影响。

为刻画表层海水温度和盐度对海水透明度的影响程度，用 X_1 表示海水透明度序列，X_2 表示海水温度序列，X_3 表示海水盐度序列。当 $|T_{2\to1}|>0.1$ 时，表示 X_2 对 X_1 有显著影响；$|T_{2\to1}|>0.1$ 且 $|T_{3\to1}|>0.1$ 时，表示 X_1 同时受 X_2 和 X_3 共同作用，若此时同时有 $|T_{2\to1}|-|T_{3\to1}|>0.1$，则表示 X_2 是影响 X_1 变化的主控因子，或同时有 $|T_{3\to1}|-|T_{2\to1}|>0.1$，则表示 X_3 是影响 X_1 变化的主控因子。

图 4.11 给出了 4 个典型点的表层海水温度和海水盐度到海水透明度的信息流。结果表明，点 A 处 $T_{\text{sst-sdd}}$ 大于 0.1 但 $T_{\text{sss-sdd}}$ 接近 0，表明点 A 处的海水透明度仅受到表层海水温度的影响；点 B 处 $T_{\text{sst-sdd}}$ 接近 0，$T_{\text{sss-sdd}}$ 大于 0.1，表明点 B 处的海水透明度仅受到表层海水盐度的影响，表层海水温度对海水透明度的影响可以忽略；点 C 处 $T_{\text{sst-sdd}}$ 和 $T_{\text{sss-sdd}}$ 都大于 0.1，但两者的差小于 0.1，表明点 C 处的海水透明度受表层海水温度和海水盐度的共同影响，且影响程度相当；点 D 处 $T_{\text{sst-sdd}}$ 小于 -0.1，$T_{\text{sss-sdd}}$ 大于 0.1，表明点 D 处的海水透明度受表层海水温度和海水盐度的共同影响，但 $|T_{\text{sss-sdd}}|-|T_{\text{sst-sdd}}|>0.1$，表明海水盐度是影响海水透明度变化的主控因子。

图 4.12 所示为南海海域表层海水温度和盐度到海水透明度信息流的空间分布，全面地给出了表层海水温度和海水盐度对海水透明度影响显著的区域。整个南海海域的表层海水

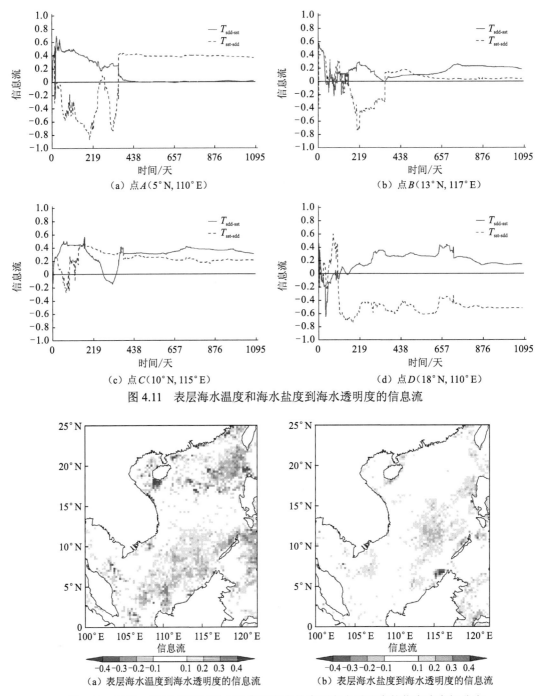

图 4.11　表层海水温度和海水盐度到海水透明度的信息流

（a）表层海水温度到海水透明度的信息流　　　（b）表层海水盐度到海水透明度的信息流

图 4.12　2010～2012 年表层海水温度和海水盐度至海水透明度的信息流空间分布

温度对海水透明度有显著影响的区域主要集中分布在吕宋海峡西侧、南沙群岛及其以南附近海域，同时其信息流的传递均为正值，表明该海域海水温度变化会引起海水透明度的剧烈波动；南海北部陆架海域也是表层海水温度对海水透明度有显著影响的区域，但其表层海水温度对信息流的传递为负值，表明该海域海水温度使海水透明度的变化趋于平稳；中沙群岛和西沙群岛附近海域，表层海水温度对海水透明度几乎没有影响，主要原因是吕宋海峡西侧和南海北部陆架海域存在多个温度锋面，温度锋面影响悬浮泥沙的扩散与沉降，从而影响海水透明度的变化。而南沙群岛附近海域为高温低盐海区，温度影响叶绿素 a 的浓度，间接影响海水透明度的变化。表层海水盐度对海水透明度的影响主要集中在沿岸和南海海盆海域，其他海域的表层海水盐度对海水透明度几乎没有影响，这主要是因为盐度过高会影响浮游植物的生长，降低叶绿素 a 浓度，由于径流注入和降水的作用，沿岸和南海海盆海域的海水盐度较低，导致叶绿素 a 浓度较高，对海水透明度的影响较为显著。

4.2.2 三维温盐结构对海水透明度的影响分布

图 4.13 分别给出了 22.76 m、47.21 m、69.02 m 三个深度下，海水温度和海水盐度到海水透明度的信息流分布。其中图 4.13（a）～（c）为海水温度到海水透明度的信息流分布，图 4.13（d）～（f）为海水盐度到海水透明度的信息流分布。浮游植物生长受温度和盐度的共同作用，海水叶绿素 a 浓度随深度的变化曲线呈现倾斜的正态分布特征，造成不同海域达到最大叶绿素 a 浓度的深度不同。同时，海水三维温盐结构的变化不仅影响叶绿素 a 浓度，还影响混合层的深度，从而影响海水透明度的变化。从整体上看，海水盐度对海水透明度影响程度随深度增加而逐渐减弱的区域主要集中分布在表层盐度较低的沿岸和中沙群岛附近海域。海水温度和海水盐度对海水透明度影响程度随深度增加而逐渐增大的区域主要分布在表层为高温高盐的西沙群岛海域。海水温度对海水透明度影响程度并不随深度增加而发生明显变化的区域主要分布在吕宋海峡西侧海域，且一直呈现较高的值，其主要原因是该海域海水透明度主要受温度锋面的影响。海水温度到海水透明度的信息流传递方向随着深度的增加而发生改变的区域主要集中在北部湾海域、台湾岛南部和南沙群岛及其以南海域，其中北部湾海域由负的信息传递变为正的信息传递，而台湾岛南部和南沙群岛及其以南海域则是由正的信息传递变为负的信息传递。

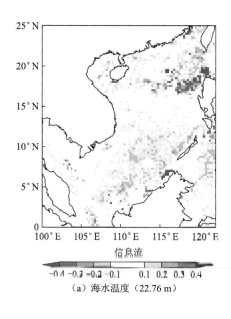

（a）海水温度（22.76 m）

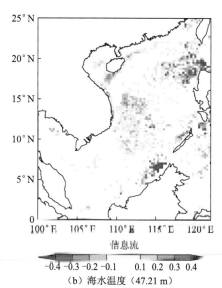

（b）海水温度（47.21 m）

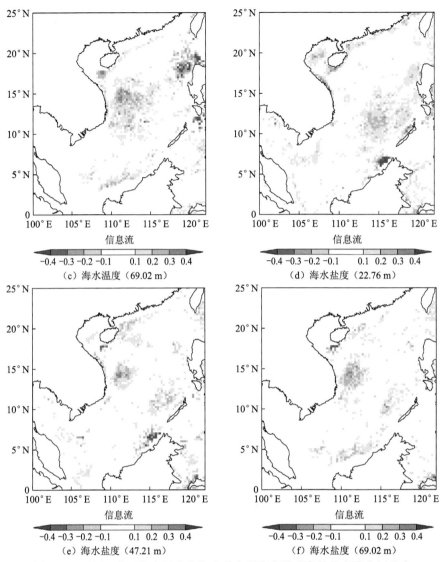

（c）海水温度（69.02 m）　　　　　（d）海水盐度（22.76 m）

（e）海水盐度（47.21 m）　　　　　（f）海水盐度（69.02 m）

图 4.13　不同深度下海水温度和海水盐度到海水透明度的信息流空间分布

4.2.3　影响海水透明度变化的主控因子分布

　　为分析说明海水透明度主要受哪层深度处的海水温度和海水盐度的影响，根据计算的不同深度处海水温度和海水盐度到海水透明度的信息流，选取信息流达到第 1 个极值点的深度作为该海域海水透明度受海水温度和海水盐度影响最大的深度。图 4.14 给出了海水温度和盐度对海水透明度影响最大的深度分布，可以看出：在吕宋海峡西侧，40～50 m 深度处的海水盐度对海水透明度影响最大；西沙群岛附近海域，60～80 m 深度处的海水温度和盐度对海水透明度影响最大；北部湾海域，表层至 10 m 深度处的海水温度对海水透明度的影响最大；而海水盐度对海水透明度影响最大的深度在 20～40 m；南海南部表层至 40 m 深度处的海水温度对海水透明度影响最大；海盆东侧海域，表层至 40 m 深度处的盐度对海水透明度影响最大。

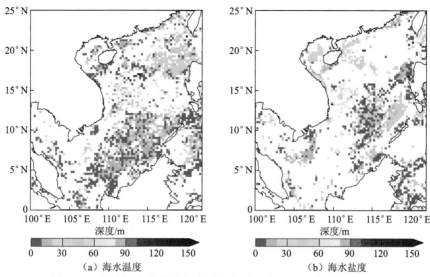

（a）海水温度 （b）海水盐度

图 4.14 海水温度和海水盐度对海水透明度影响最大的深度分布

进一步分析讨论南海海域影响海水透明度变化的主控因子的空间分布，利用海水温度和海水盐度到海水透明度的信息流差值，结合海水温度和海水盐度对海水透明度影响最大的深度，得到影响海水透明度变化的主控因子空间分布，结果如图 4.15 所示。由图可知：在西沙群岛和南沙群岛附近海域，海水透明度受海水温度和海水盐度共同影响，且两者对海水透明度的影响程度相当；在南海海盆周边、吕宋海峡附近和南沙群岛以南海域的海水透明度主要受海水水温的影响，海水水温为主控因素；南海海盆靠近中沙群岛附近、东南半岛沿岸和北海海域的海水透明度变化主要受海水盐度的影响。

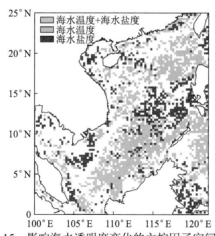

图 4.15 影响海水透明度变化的主控因子空间分布

引入信息流分析方法，分析南海海域表层海水温度和海水盐度对海水透明度的影响，以及水下三维温盐结构对海水透明度的影响，讨论海水透明度受海水温度、海水盐度影响最大的深度，以及影响海水透明度变化的温盐主控因子。该方法克服了相关分析中变量间因果影响关系不明确的缺点，能够准确刻画海水温度和盐度与海水透明度间的影响关系，并为无人水下航行器航路规划、作业深度选择，以及水下工程建设等提供科学依据和建议。

研究发现，由于温度锋面的作用，表层海水温度对海水透明度有显著影响的区域主要分布在吕宋海峡西侧和南海北部陆架海域。由于高温低盐的环境适合浮游植物的生长，表层海水温度对海水透明度有显著影响的区域还分布在南沙群岛及其以南附近海域；表层海水盐度对海水透明度有显著影响的区域主要集中在沿岸和南海海盆海域。随着深度的增加，沿岸和中沙群岛附近海域的海水盐度对海水透明度影响程度逐渐减弱。吕宋海峡西侧海域受到温度锋面的影响，该海域海水温度对海水透明度的影响程度并没有因为深度的增加而发生明显变化，其主要受到 30～50 m 深处海水温度的影响，海水盐度几乎不影响该海域的海水透明度。西沙群岛附近海域的盐度较高，随着深度的增加盐度逐渐降低，在 60～70 m 深处，海水温度和海水盐度对海水透明度的影响最为显著。而南沙群岛及其以南附近海域主要受 20～30 m 深处的海水水温影响。近岸和中沙群岛附近海域则受浅层海水盐度的影响。海水温度和盐度变化会对海水透明度产生影响，当海水温度或海水盐度到海水透明度的信息流传递为正传递时，海水温度或海水盐度的变化将会导致下一时刻的海水透明度波动剧烈，因此，进行无人水下航行器投放、航行和试验时，一方面应选择海水透明度深度较大的海域，另一方面应尽量避开海水透明度受海水温度和海水盐度影响较大的区域。

海水透明度作为描述海洋水体光学性质的一个重要参数，并非依赖单个海洋环境因子，而是受多种海洋环境因子共同作用。本小节仅单独分析计算海水温度、盐度对海水透明度的影响，尚有一定缺失，今后将会考虑海水温度和盐度对海水透明度的综合影响，对研究进行完善。

参 考 文 献

蔡怡, 王彰贵, 乔方利, 2008. 全球变暖背景下最近 40 年太平洋海温变化数值模拟. 海洋学报, 30(5): 9-16.

费尊乐, 1986. 渤海海水透明度与水色的研究. 黄渤海海洋, 4(1): 36-43.

付东洋, 丁又专, 雷惠, 等, 2009. "百合"台风对海表温度及水色环境影响的遥感分析. 海洋学研究, 27(2): 64-70.

顾小丽, 李培良, 2008. 太平洋海平面变化特征及影响因素分析. 杭州: 中国海洋学会青年海洋科学家论坛.

黎洁溪, 1985. 南海北部海水透明度分布变化概况. 海洋通报(4): 3-6.

平仲良, 1993. 用实测海水透明度数据和 NOAA 卫星数据计算黄海悬浮体含量. 海洋与湖沼(1): 24-30, 118.

申辉, 郭佩芳, 钱成春, 等, 2003. 1993-2001 年全球海面高度变化特征. 海洋与湖沼(2): 169-178.

王国栋, 康建成, 刘超, 等. 2011. 中国东海海平面变化多尺度周期分析与预测. 地球科学进展, 26(6): 678-684.

杨冬红, 杨学祥, 2014. 北半球冰盖融化与北半球低温暴雪的相关性. 地球物理学进展, 12(2): 610-615.

杨生光, 张坤诚, 吕培顶, 1987. 海水相对透明度与叶绿素 a 的关系. 黄渤海海洋(1): 68-70.

于卫东, 乔方利, 2003. ENSO 事件中热带太平洋上层海洋热含量变化分析. 海洋科学进展, 21(4): 446-453.

袁林旺, 谢志仁, 俞肇元, 2008. 基于 SSA 和 MGF 的海面变化长期预测及对比. 地理研究, 27(2): 305-313.

张春桂, 曾银东, 2015. 台湾海峡海水透明度遥感监测及时空变化分析. 气象与环境学报, 31(2): 73-81.

张吉, 左军成, 李娟, 等, 2014. RCP4.5 情景下预测 21 世纪南海海平面变化. 海洋学报, 36(11): 21-29.

左军成, 左常圣, 李娟, 等, 2015. 近十年我国海平面变化研究进展. 河海大学学报(自然科学版), 43(5): 442-449.

Agrawal R, Srikant R, 1998. Fast algorithms for mining association rules: Readings in database systems. 3rd ed.

Burlington: Morgan Kaufmann Publishers Inc.

El-Diasty M, Al-Harbi S, Pagiatakis S, 2018. Hybrid harmonic analysis and wavelet network model for sea water level prediction. Applied Ocean Research, 70: 14-21.

Imani M, Kao H C, Lan W H, et al., 2018. Daily sea level prediction at Chiayi Coast, Taiwan using extreme learning machine and relevance vector machine. Global and Planetary Change, 161: 211-221.

Ke Y, Cheng J, Ng W, 2008. An information-theoretic approach to quantitative association rule mining. Knowledge & Information Systems, 16(2): 213-244.

Liang X S , Kleeman R, 2005. Information transfer between dynamical system components. Physical Review Letters, 95(24): 1-4.

Mitrovica J X, Tamisiea M E, Davis J L, et al., 2001. Recent mass balance of polar ice sheets inferred from patterns of global sea-level change. Nature, 409(6823): 1026-1029.

Röske F, 1997. Sea level forecasts using neural networks. Deutsche Hydrografische Zeitschrift, 49(1): 71-99.

Shao C, Zhang W, Sun C, et al. 2015. Statistical Prediction of the South China Sea surface height anomaly. Advances in Meteorology(1): 1-9.

Wilson H, Recknagel F, 2001. Towards a generic artificial neural network model for dynamic predictions of algal abundance in freshwater lakes. Ecological Modelling, 146(1): 69-84.

Zhang X, Liao P, Wang H, 2009. A new association rules mining algorithm based on vector. Journal of Huaqiao University, 12(23): 43-45.

第5章 海洋遥感大数据对海洋现象的认知

5.1 海洋中尺度涡的提取与跟踪分析

5.1.1 中尺度涡信息提取

中尺度涡信息提取是根据海面高度异常闭合等值线的分布情况确定中尺度涡位置、尺度和类型,信息提取的判别标准为:海面高度异常的等值线闭合,闭合等值线中心水深大于 200 m,中心和最外层闭合等值线的高度差不小于 8 cm;海面高度异常闭合等值线为低中心的为冷涡,反之为暖涡;中尺度涡尺度定义为海面高度异常最外层等值线到中心的最大距离。

5.1.2 中尺度涡探测方法

1. Winding-Angle 法

Winding-Angle(缠绕角)法步骤如下。首先在一个 1°×1° 经纬度移动窗口内寻找内部海面高度异常最小(最大)值的极值,以此判断可能的气旋涡(反气旋涡)中心。之后,对于每一个可能的气旋涡(反气旋涡)中心,从其内部以 1 cm 的增幅(减幅)向外寻找海面高度异常的等值线(Chaigneau et al.,2008),最外那条包含着涡旋中心的等值线即为涡旋的外边缘。

基于海面高度异常等值线的中尺度涡识别与探测,具体判别条件如下:①海面高度异常等值线闭合;②涡的中心位置水深大于 200 m;③涡的中心与最外层闭合等值线的高度差不小于 8 cm;④中尺度涡的直径不小于 100 km。

中尺度涡类型判别条件为:海面高度异常等值线为高中心的为暖涡,低中心的为冷涡。中尺度涡的尺度定义为海面高度异常最外层等值线到中心的最大距离。

Winding-Angle 法涡旋探测示意图如图 5.1 所示。

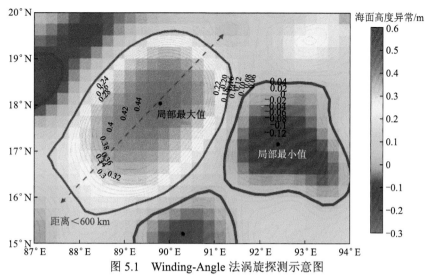

图 5.1　Winding-Angle 法涡旋探测示意图

蓝色粗线和红色粗线表示确定的气旋涡（蓝线）和反气旋涡（红线）边界，

黑色圆点表示涡旋中心，为海面高度异常局地极值

2. OW 参数法

OW（Okubo-Weiss）参数法是基于物理判定条件的 OW 参数，从海面高度异常（SLA）数据中判断识别涡旋，其中 OW 参数是通过流场中的拉伸变形率、剪切变形率及相对涡度来定义的（Weiss，1991；Okubo，1970）：

$$W = S_s^2 + S_n^2 - \omega^2 \tag{5-1}$$

式中：S_n、S_s、ω 分别为剪切变形率、拉伸变形率、相对涡度。它们的计算方法为

$$S_n = \frac{\partial u'}{\partial x} - \frac{\partial v'}{\partial y}, \quad S_s = \frac{\partial v'}{\partial x} + \frac{\partial u'}{\partial y}, \quad \omega = \frac{\partial v'}{\partial x} - \frac{\partial u'}{\partial y} \tag{5-2}$$

式中：u' 和 v' 分别为海表面异常地转流的速度分量。涡旋存在于 W 为负值且旋转占主的流场中。具体来说，这个判定标准将流场分为不同的类型：$W > 0.2\sigma\omega$ 是以拉伸为主，$W < -0.2\sigma\omega$ 是以涡度为主，$|W| \leqslant 0.2\sigma\omega$ 则是背景流场。这里的 $\sigma\omega$ 为 W 的空间标准差。$W < -0.2\sigma\omega$ 的区域被认为是涡旋的中心，并按照 SLA 的平均值的正负来判断是气旋涡还是反气旋涡。

3. 矢量几何法

矢量几何法主要依赖速度矢量的几何学进行中尺度涡的探测。涡可以被直观地定义为一个区域，在这个区域中速度场表现为一个旋转流，即速度矢量围绕一个中心顺时针或者逆时针旋转的区域（Nencioli et al.，2010）。这个定义和 Okubo-Weiss 的算法中的假设是一致的。

矢量几何法基于地转流流速异常数据的中尺度涡判别条件如下：①东西向断面上流速 v 穿过涡中心时，符号相反，且远离涡中心时 v 变大；②南北向断面上流速 u 穿过涡中心时，符号相反，且远离涡中心时 u 变大，旋转方向与 v 一致；③涡中心处流速达到局部最小值；④围绕涡中心，速度矢量沿连续旋转方向发生改变，两相邻速度矢量方向须在同一或相邻象限里。

满足以上 4 个判别条件的点被认为是涡中心，涡的大小可以从流函数场封闭的等值线中计算出来。

基于以上三种方法，图 5.2 给出了西太平洋海域海面高度异常分布图。图 5.3 给出了三种探测方法提取的中尺度涡分布的结果对比。

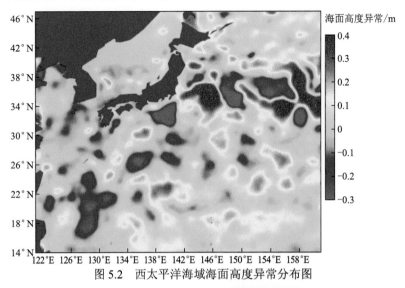

图 5.2　西太平洋海域海面高度异常分布图

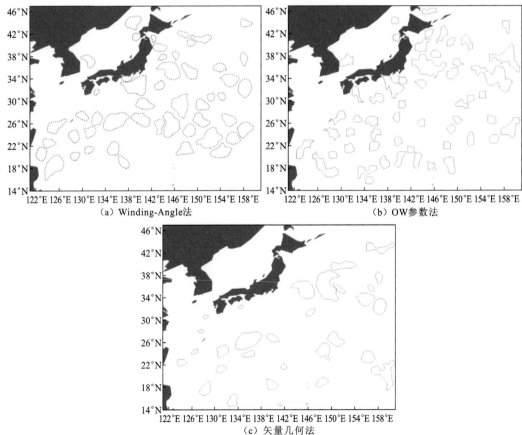

图 5.3　三种探测方法提取的中尺度涡分布的结果对比

从图 5.3 可以看出，Winding-Angle 法对该调查区域中尺度涡识别结果较好，与调查区域 SLA 分布一致，基本能将全部的冷暖涡都识别出来，且没有误判别。OW 参数法识别出了更多的中尺度涡，但其中尺度涡涡边界的识别与 Winding-Angle 法结果差别较大，其识别的中尺度涡涡边界一般较小。而矢量几何法识别的中尺度涡数目稍少，且识别的涡区域也相对较小。就识别准确率而言，Winding-Angle 法和矢量几何法的准确率较高，没有误识别的涡。OW 参数法在一些强度不是很明显的涡识别过程中，容易出现中尺度涡性质的误判，并且容易将一些不是涡的区域识别为中尺度涡，相对前两者而言，其中尺度涡识别准确度不是很高。总体而言，Winding-Angle 法中尺度涡判别方法识别结果较好，该调查区域的中尺度涡基本全部识别出来，因此，本小节采用 Winding-Angle 法对调查区域进行中尺度涡调查。

5.1.3 西太平洋中尺度涡海面高度和海面温度识别结果比较

海洋中尺度涡在西太平洋动力学和热盐、能量的输运，以及其他生物、化学过程中起着非常重要的作用（Fu et al.，2010）。根据涡旋动力学特征，海洋中尺度涡一是可以通过海面高度的变化或环流特征进行识别，二是可以通过涡旋引起的海表面温度变化进行识别。根据海面高度场的变化特征，涡旋中心海面高度表现为正异常则为反气旋涡（暖涡），负异常则为气旋涡（冷涡）。另外，气旋涡（反气旋涡）可使局地海水产生上升（下沉），造成海表温度的下降（升高），使其在海表温度场中留下相应的变化特征，这一温度异常现象可以从卫星海表面温度场分布中清楚地看到。因此可以通过卫星获取的海表温度图像识别海洋中的涡旋，进一步获取其特征信息。

为了从海面温度场信号中提取中尺度涡引起的温度变化，需要从海面温度数据中移除平均气候态和季节变化信号，得到类似于海面高度异常（SLA）的海面温度异常（sea surface temperature anomaly，SSTA）数据。图 5.4 给出了黑潮延伸区 2016 年 1 月 4 日海面高度异常和海面温度异常分布图。从图中可以看出，海面高度图像与海面温度图像有很高的相似度。当有涡旋发生时，涡旋能引起更明显 SLA 和 SSTA 的相关性。也就是说，在海面高度场中表现为低中心的冷涡基本对应着负的海面温度异常信号，在海面高度场中表现为高中心的暖涡基本对应着正的海面温度异常。

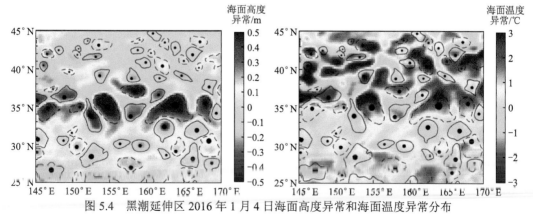

图 5.4 黑潮延伸区 2016 年 1 月 4 日海面高度异常和海面温度异常分布

实线和虚线分别是探测到的气旋涡和反气旋涡

对 10 年的海面高度异常（SLA）数据和海面温度异常（SSTA）数据进行逐天平均，得到 10 年平均后的每天海面高度场和海面温度场，然后分析西太平洋每天 SLA 和 SSTA 的相关性。具体而言，逐一匹配超过一定 SLA 阈值的 SLA 和 SSTA 网格点数据，分析这些超过一定 SLA 阈值网格点 SLA 和 SSTA 的相关性。

图 5.5 给出了西太平洋超过一定 SLA 阈值的 SLA 网格点与对应 SSTA 网格点的相关性统计。对每天的 SLA 和 SSTA 数据进行 10 年平均，以便研究二者信号的相关性。从图 5.5 可以看出，对整个区域而言，所有网格点 SLA 和 SSTA 相关性存在明显季节变化，在冬春两季相关性较高，夏秋两季相关性较低。当 SLA 阈值逐渐变大，这种季节性变化更加明显。比如冬春两季，当 SLA 超过 20 cm 时，SLA 和 SSTA 的相关性一般为 0.6～0.7；当 SLA 超过 30 cm 时，SLA 和 SSTA 的相关性一般为 0.7～0.8。但是在夏秋两季，随着 SLA 阈值的增加，SLA 和 SSTA 的相关性增加并不明显，基本都在 0.4 以下。说明西太平洋区域 SLA 和 SSTA 数据相关性存在明显季节变化，在冬春两季相关性较好，在夏秋两季相关性并不明显；而且冬春两季的相关性随着 SLA 阈值的增加而增加，原因很可能是夏秋两季的太阳辐射较强，海面温度日变化较大，而冬春两季温度日变化不会那么大。

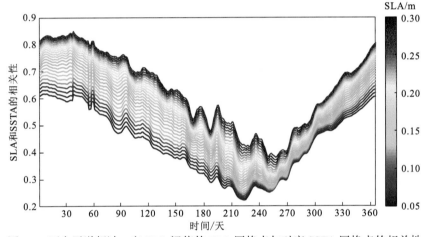

图 5.5　西太平洋超过一定 SLA 阈值的 SLA 网格点与对应 SSTA 网格点的相关性

为了进一步分析 SLA 和 SSTA 之间信号的相关性，图 5.6 给出了不同季节的 SLA 和 SSTA 的似然估计值 p 的变化曲线。似然估计值 p 表示在 SLA 超过一定阈值下的对应点 SSTA 为正或者为负的概率值，可表示为

$$p(\text{SSTA} < 0 \,|\, \text{SLA} < a) = \frac{|\text{E}_{\text{SLA}}^{-}(a) \bigcap \text{E}_{\text{SSTA}}^{-}(0)|}{|\text{E}_{\text{SLA}}^{-}(a)|}, \quad a < 0 \qquad (5\text{-}3)$$

$$p(\text{SSTA} > 0 \,|\, \text{SLA} > a) = \frac{|\text{E}_{\text{SLA}}^{+}(a) \bigcap \text{E}_{\text{SSTA}}^{+}(0)|}{|\text{E}_{\text{SLA}}^{+}(a)|}, \quad a > 0 \qquad (5\text{-}4)$$

式中：$|\text{E}_{\text{SLA}}^{-}(a)|$ 和 $|\text{E}_{\text{SLA}}^{+}(a)|$ 为基于 SLA 数据识别的涡旋 E(SLA<a, a<0) 和 E(SLA>a, a>0) 内网格点的数目；$|\text{E}_{\text{SSTA}}^{-}(0)|$ 和 $|\text{E}_{\text{SSTA}}^{+}(0)|$ 为基于 SSTA 数据识别的涡旋 E(SSTA<0) 和 E(SSTA>0) 内的网格点数目。

$p(\text{SSTA}>0\,|\,\text{SLA}>a)$ 表示 SLA 为正时 SSTA 也为正的概率。在冬季，p 值在 0.8 以上，其随着 SLA 阈值的增加这种似然概率还会继续增加，当 SLA 阈值超过 20 cm 时，p 值超过 0.9，

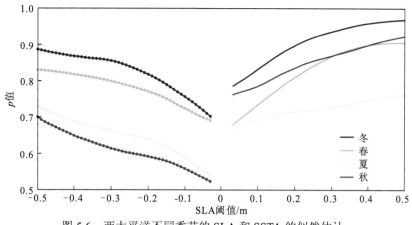

图 5.6 西太平洋不同季节的 SLA 和 SSTA 的似然估计 p

点线为 $p(\text{SSTA}<0|\text{SLA}<a)$，线为 $p(\text{SSTA}>0|\text{SLA}>a)$

说明冬季西太平洋 SLA 正值和 SSTA 正值明显相关，这时期的反气旋涡对应着明显的暖涡信号。春季的 p 值明显减小，SLA 阈值为 0.7～0.9，当 SLA 阈值超过 20 cm 时，p 值在 0.8 附近。夏季 p 值最低，基本为 0.65～0.75，甚至当 SLA 阈值达到 50 cm 时，p 值才达到约 0.75，说明夏季反气旋涡引起的正海面高度异常和正海面温度异常相关性较低。秋季 p 值又逐渐增大，说明反气旋涡引起的海面高度异常和海面温度异常又更加显著。而对 $p(\text{SSTA}<0|\text{SLA}<a)$ 而言，SLA 为负时 SSTA 也为负的似然概率，同样表现为随着 SLA 阈值的增加，SSTA 为负的概率明显增大。同样对冬季和春季而言，p 值较大，说明这时期气旋涡引起的负 SLA 变化和负 SSTA 值有明显相关性。夏季和秋季 p 值明显减小，说明这时期气旋涡引起的负 SLA 变化和负 SSTA 值相关性减弱。另外值得注意的是，在各个季节，$p(\text{SSTA}>0|\text{SLA}>a)$ 基本均大于 $p(\text{SSTA}<0|\text{SLA}<a)$，说明与气旋涡相比，反气旋涡引起的海面高度变化和海面温度变化相关性更高。总的来说，西太平洋 SLA 和 SSTA 似然估计值 p 存在明显的季节变化，在冬春两季，SLA 和 SSTA 的似然估计值 p 明显大于夏秋两季，说明冬春两季的中尺度涡海面高度变化和海面温度变化信号更加一致，而这种相关性随着涡旋强度的增加会变得更加明显。

基于 2010～2020 年 10 年间的海面高度和海面温度数据，开展两种数据的西太平洋黑潮延伸区中尺度涡识别结果比较，结果如图 5.7 所示。

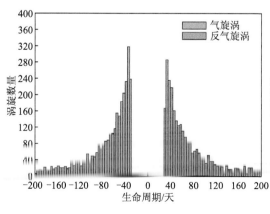

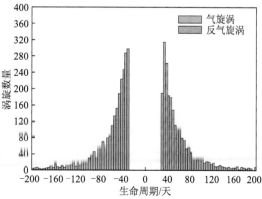

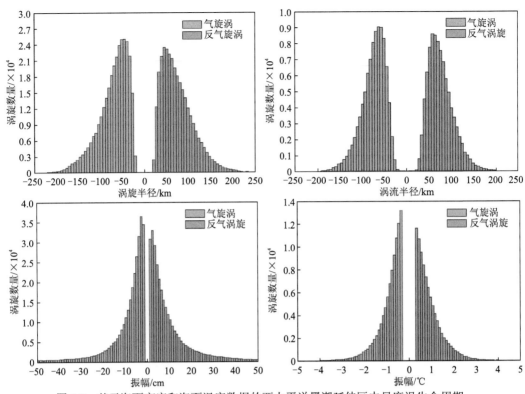

图 5.7　基于海面高度和海面温度数据的西太平洋黑潮延伸区中尺度涡生命周期、
半径和振幅的频次统计直方图

从图 5.7 中可以看出，就涡旋生命周期而言，基于海面高度数据和海面温度数据探测的西太平洋黑潮延伸区中尺度涡数量随着生命周期增加而迅速减少。这说明中尺度涡生命周期均以 100 天以下的短生命周期涡旋为主。不过，基于海面高度数据的涡旋结果比海面温度数据显示出数量更多的长生命周期涡旋，尤其是超过 150 天以上生命周期的涡旋。就涡旋半径而言，海面高度数据和海面温度数据均显示出涡旋半径主要集中分布在 30～100 km。然而海面温度数据得到的涡旋结果比海面高度的涡旋结果更加集中分布在这个区间，并且其峰值更加集中在 60～70 km，而海面高度涡旋半径峰值集中在 50 km 左右，这说明基于海面温度数据得到的涡旋尺度一般大于海面高度的涡旋尺度。就涡旋振幅而言，基于海面高度的涡旋结果显示，涡旋振幅主要集中分布在 0～20 cm，并且有不少涡旋振幅可以达到 50 cm 以上。而海面温度的涡旋结果显示，涡旋振幅主要集中分布在 0.3～2 ℃，超过 3 ℃振幅的涡旋很少出现。两种数据均显示出涡旋振幅主要集中在低振幅区间。

5.1.4　西太平洋中尺度涡特征分析

1. 时空特征与变化规律

为了分析西太平洋中尺度涡的地理分布特征，对 2010～2020 年生命周期超过 30 天的中尺度涡移动经过每个 1°×1° 网格区域的涡旋个数进行统计，并作出涡旋出现的地理频率分布，结果如图 5.8 所示。从图 5.8（a）中可以看出，中尺度涡多集中在黑潮主轴附近和黑潮延伸区，说明伴着黑潮主轴常有中尺度涡出现；在日本海及黑潮以北区域也有较多中尺度涡出现，说明这些区域也是中尺度涡的高发地带。此外，图中一个明显的特点是在赤道低纬度区域中尺度涡分布很少。Chelton 等（2011）认为由于 Rossby 变形半径的影响，低纬地区的中尺度涡尺度更大并且振幅更小，这导致这类涡旋不能被探测到。

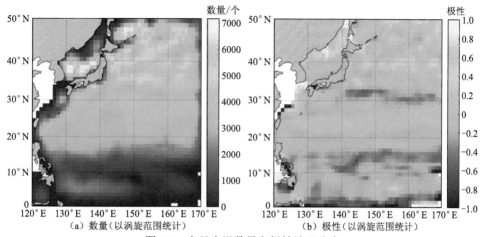

（a）数量（以涡旋范围统计）　　　　　（b）极性（以涡旋范围统计）

图 5.8　中尺度涡数量和极性地理分布

涡旋极性表示涡旋内某一点处于气旋涡（$P<0$）或是反气旋涡内（$P>0$），计算方法如下：

$$P=(F_{AE}-F_{CE})/(F_{AE}+F_{CE}) \tag{5-5}$$

式中：F_{AE} 和 F_{CE} 分别为反气旋涡和气旋涡的发生频率。

同样以 1°×1° 的网格计算涡旋的极性结果，如图 5.8（b）所示。从图中可以看到，整个区域气旋涡和反气旋涡分布没有明显的倾向，涡旋极性基本上在 0 附近。在黑潮以北和以南分别呈现轻微的气旋涡和反气旋涡倾向；在日本海北部区域反气旋涡分布较明显。

基于 2010～2020 年西太平洋中尺度涡轨迹追踪结果，在 1°×1° 网格内统计生命周期超过 30 天的中尺度涡产生和消失的数目，并给出相应的频率分布，如图 5.9 所示。可以看出，涡旋几乎可以在研究区域的任何位置产生和消失。就涡旋出现地理分布而言，一个明显的特征是研究区域东部有高频的涡旋产生，这意味着出现在西太平洋的涡旋部分是由北

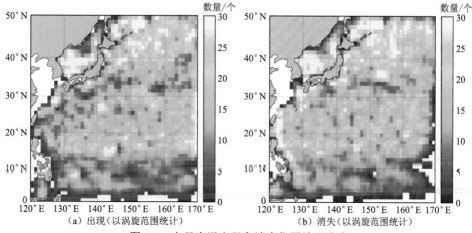

（a）出现（以涡旋范围统计）　　　　　（b）消失（以涡旋范围统计）

图 5.9　中尺度涡出现和消失位置地理分布

太平洋东部海域传播过来的。一般而言，这些从东部传播过来的涡旋具有更长的生命周期和传播距离。涡旋一旦形成，可以传播非常远，距离可达上千千米。相比之下，涡旋主要消失在西太平洋的西部，尤其集中在台湾海峡和吕宋海峡东部海域。这也从某种程度上说明涡旋具有西向移动的特征。

2. 生命周期、涡能量与强度

基于 2010 年 5 月～2020 年 5 月高度计的涡旋识别追踪结果，统计西太平洋中尺度涡的生命周期、半径、振幅和旋转速度等涡旋属性，并给出涡旋属性相应的气旋涡和反气旋涡数量分布直方图，如图 5.10 所示。从图中可以看出，随着涡旋生命周期增加，涡旋数目急剧下降。统计显示，80% 的涡旋生命周期小于 100 天且传播距离小于 500 km；全部涡旋平均生命周期和传播距离分别为 69 天和 407 km。另外，气旋涡的平均生命周期和传播距离分别为 70 天和 408 km，反气旋涡相对应的分别为 69 天和 407 km，可以看出气旋涡与反气旋涡的平均生命周期与传播距离基本一致。西太平洋涡旋以 15 cm 以下的低振幅涡旋为主，但也会有一些强振幅涡旋经常出现在黑潮及其延伸区，那里的涡旋振幅常会超过 50 cm 甚至可以达到 1 m。西太平洋中尺度涡半径主要集中在 50～150 km，反气旋涡平均半径略大于气旋涡。涡旋旋转速度一般分布在 5～50 cm/s，气旋涡平均旋转速度要高于反气旋涡。

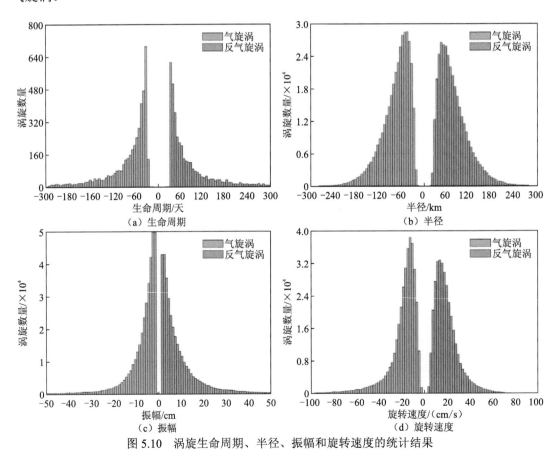

图 5.10 涡旋生命周期、半径、振幅和旋转速度的统计结果

为了观测涡旋属性的地理分布特征，统计每个 1°×1° 网格区域出现过的涡旋涡动能（eddy kinetic energy，EKE）、半径、振幅和旋转速度等涡旋属性，各涡旋属性的地理分布如图 5.11 所示。从图中可以明显看出，30°N～40°N 的黑潮及其延伸区中尺度涡具有更高的涡动能和涡振幅，说明该区域的中尺度涡活动变化强烈，而且涡强度一般较强（振幅高）。这种涡旋强烈的变化很可能导致涡旋存在的时间较短，生命周期难以超过 30 天，在涡旋识别追踪过程中捕捉不到这种变化较快的涡旋，因此该区域的涡旋频率分布并没有那么高。同时也正是因为该区域的海面高度变化剧烈，一旦出现稳定的中尺度涡，就会形成这种高振幅强度的涡旋。

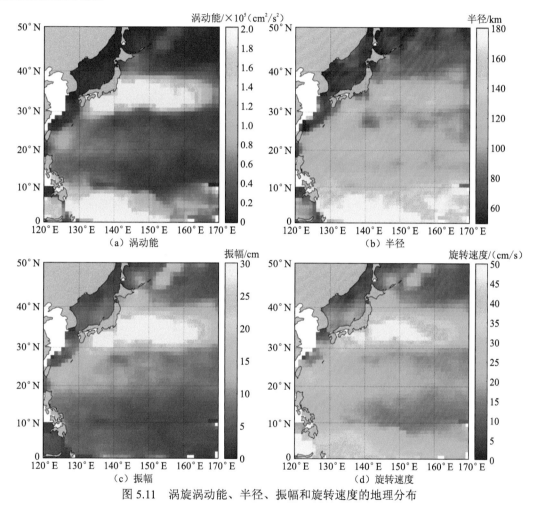

图 5.11　涡旋涡动能、半径、振幅和旋转速度的地理分布

就涡动能分布而言，在低纬度区域具有较高的涡动能分布，这很可能是东向流动的北赤道逆流扰动造成的。在中纬度 10°N～30°N 纬度带间和黑潮延伸区以北区域具有较小的涡动能，说明这里的涡活动并不是很强烈；但与同纬度区域相比，黑潮主轴具有更高的涡动能，说明伴随着黑潮主轴常有较强的中尺度涡活动。涡旋振幅分布显示，除黑潮延伸区涡振幅较高外，其他区域分布一般较低；而且随着纬度的降低，涡振幅也在减小，尤其对于 20°N 以南的区域涡振幅一般小于 10 cm。涡旋半径分布呈现明显的随纬度降低而增大的特点，尤其是在 10°N 以南，涡旋半径基本超过 150 km；涡旋半径的这种变化与第一斜

压模态下 Rossby 波变形半径随纬度减小而不断变大的趋势基本一致。同时也可以发现，在黑潮延伸区涡旋的半径也更大，这与涡振幅分布基本一致。涡旋旋转速度呈现出与涡动能类似的空间分布特征，在黑潮及其延伸区涡旋强度较强，涡旋旋转速度较快，其平均值一般为 40～50 cm/s；在低纬度赤道区域，受北赤道逆流的影响，涡旋旋转速度也较高，一般约为 30 cm/s。

3. 移动特征和演化过程分析

西太平洋中尺度涡的移动特征可以通过分析涡旋的运动轨迹能更好地显示出来。图 5.12 给出了西太平洋不同生命周期的中尺度涡的移动轨迹和相对移动轨迹。从图 5.12（a）中可以看出，涡旋轨迹遍布整个西太平洋区域，而且大部分涡旋向西移动。一些东向移动的涡旋主要分布在黑潮及其延伸区，这些涡旋随着东向的黑潮向东移动。长生命周期涡旋主要集中在 20°N～30°N 的副热带太平洋区域和黑潮延伸区，这里的涡旋可以存在长达 1 年以上。在 20°N 以南的低纬度区域涡旋生命周期较短，一般不超过 180 天。

为了进一步观测西太平洋中尺度涡的移动方向，将涡旋的初始产生位置移动到相同的（0°N，0°E）位置处，得到中尺度涡相对移动轨迹。从图 5.12（b）中可以非常直观地看出，大部分涡旋向西移动并且传播距离较远，较少的涡旋向东移动并且其一般不会传播太远。统计显示，西向移动涡旋的平均生命周期和传播距离分别为 71 天和 435 km，东向移动涡旋对应的分别为 60 天和 229 km，后者的平均生命周期和传播距离要明显小于前者，而且较少有东向移动的涡旋传播距离会超过 300 km。该结论与 Chelton 等（2011）全球东向移动涡旋的结论相似。对气旋涡和反气旋涡相对路径分析显示，50.7%气旋涡和51.3%的反气旋涡向赤道移动，随着生命周期变为 60 天、90 天、180 天、270 天、360 天，上述两个数字分别变为 51.4%和 55.1%、54.7%和 62.4%、55.3%和 64.4%、42.4%和 62.5%、41.7%和 62.5%，说明对于长生命周期的反气旋涡有一个轻微向赤道运动的偏向，而对于长生命周期的气旋涡则会有一个轻微向两极运动的偏向。

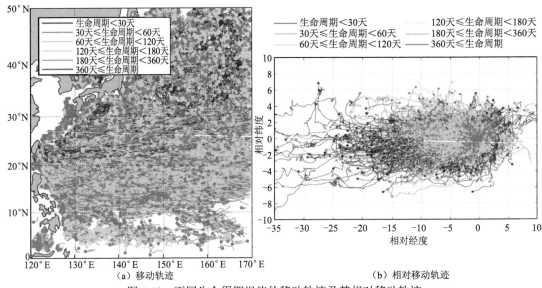

图 5.12　不同生命周期涡旋的移动轨迹及其相对移动轨迹

图 5.13 给出了西太平洋中尺度涡移动距离和移动速度的统计分布直方图。从图中可以看出，西太平洋中尺度涡传播距离分布广泛，在 0～2000 km 均有分布，但大部分涡旋传播距离仍然主要集中在 0～1000 km。在副热带太平洋区域的涡旋生命周期一般较长，涡旋不断西向移动，并传播较远的距离。统计显示，西太平洋涡旋的移动速度一般为 0～20 cm，并且低纬度区域涡旋移动速度较快。气旋涡和反气旋涡平均移动速度相差不大，分别为 7.30 cm/s 和 7.36 cm/s，但反气旋涡比气旋涡更加集中地分布在 5～10 cm/s。

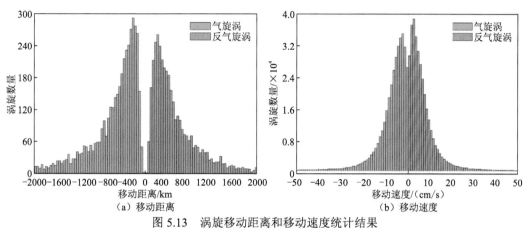

图 5.13　涡旋移动距离和移动速度统计结果

5.2　海洋锋面的提取与认知分析

5.2.1　海洋锋面探测方法

海洋锋面是指海洋中要素变化剧烈的狭长区域（Ping et al.，2014），是海洋中一种常见的中尺度现象。锋面调查常用的探测方法有詹森-香农散度（Jensen-Shannon divergence，JSD）法和温度梯度法等。

1. 詹森-香农散度法

JSD 法是一个测量两个概率分布相似性的常用方法，通过 JSD 法衡量两个分布的相似程度，可以判定两个概率分布是否有着共同的分布类型：

$$\text{JSD}(P,Q) = H\left(\frac{1}{2}(P_X + Q_X)\right) - \frac{1}{2}H(P_X) - \frac{1}{2}H(Q_X) \tag{5-6}$$

式中：$X = \{x_1, x_2, \cdots, x_n\}$ 为某一随机事件可能发生的事件集合；P_X 和 Q_X 分别为两个分布的概率密度分布。JSD 法通过衡量两个分布的相似程度，从而检测海洋锋面是否存在（Shimada et al.，2005）。就当前某一像元，沿水平、垂直、左倾斜 45° 和右倾斜 45° 的 4 个方向设计模板，用于检测不同方向的灰度值变化，如图 5.14 所示。每个结构元素又由两个相同大小的 5×5 的子窗体组成，分别代表 JSD 法中 P_X 和 Q_X 的原始图像。JSD 值越大，说明两个水团间的温度梯度值越大，一般取 0.6 用于检测锋面。

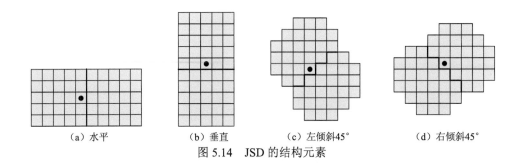

| (a) 水平 | (b) 垂直 | (c) 左倾斜45° | (d) 右倾斜45° |

图 5.14　JSD 的结构元素

2. 温度梯度法

温度梯度法（Belkin et al.，2009；Oram et al.，2008）首先通过位置 A 和 B 处的温度计算经度方向的温度梯度值，即

$$\frac{\partial T}{\partial x} = \frac{T_{i+1,j} - T_{i-1,j}}{X_{i+1,j} - X_{i-1,j}}$$

通过位置 C 和 D 处的温度计算纬度方向温度梯度值，即

$$\frac{\partial T}{\partial y} = \frac{T_{i,j+1} - T_{i,j-1}}{X_{i,j+1} - X_{i,j-1}}$$

进而计算中心位置 E 处总梯度值 GM，即

$$GM = \sqrt{\left(\frac{\partial T}{\partial x}\right)^2 + \left(\frac{\partial T}{\partial y}\right)^2}$$

其中 T 为温度，如图 5.15 所示。

基于 2013 年某日的海表温度数据（图 5.16），以温度梯度法和 JSD 法为锋面检测手段，开展西太平洋海域锋面探测比对，探测结果如图 5.17 所示。

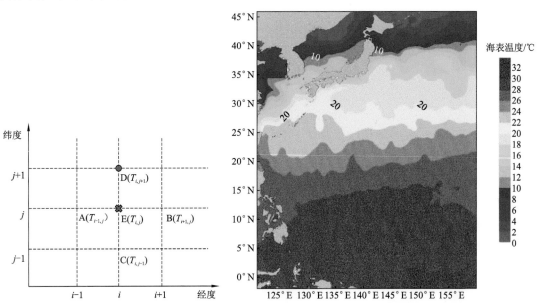

图 5.15　基于 SST 数据的锋面探测方法示意图　　　图 5.16　2013 年某日的西太平洋区域海表温度

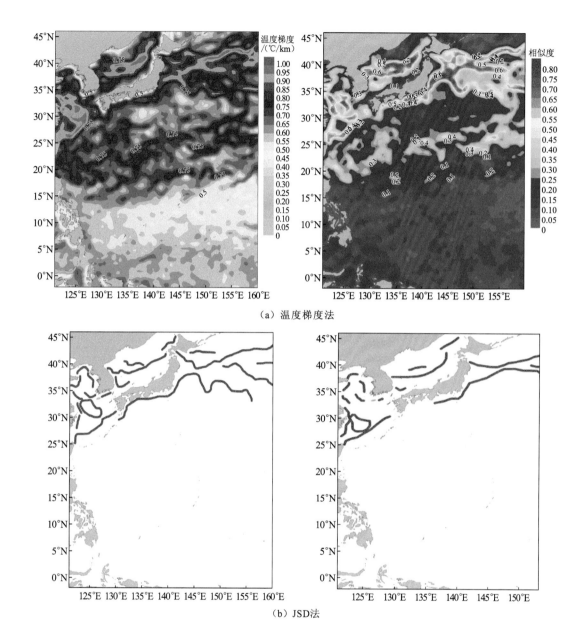

（a）温度梯度法

（b）JSD法

图 5.17　锋面温度梯度法和 JSD 法检测结果比较图

　　通过对两种锋面检测方法结果的比对（图 5.17）发现，温度梯度法比 JSD 法探测得到的锋面更为细致全面，JSD 法对弱锋区的探测不敏感。因此选用较为成熟、操作性强的温度梯度法进行海洋锋面遥感探测。

5.2.2 海洋锋面探测流程

基于海表温度（SST）数据的海洋锋面温度梯度法探测流程主要包括如下步骤。

（1）原始数据读取质量控制及区域数据提取。

（2）每日 SST 水平变化梯度计算。

（3）月平均数据和锋面出现概率计算：以 0.03 ℃/km 作为辨别锋面的标准，即若某点的 SST 梯度大于 0.03 ℃/km，则将该点看作锋面可能出现的点。

按照式（5-7）对各点的月锋面出现概率进行计算：

$$某个月中某点锋面出现的概率 = \frac{该月中该点可能出现锋面的次数}{该月中该点有效观测数据出现的次数} \tag{5-7}$$

根据各观测点锋面出现概率，将出现概率大于 30%的区域作为各月锋面发生区域。例如，某观测点在 4 月份每天都有观测数据（即有效数据 30 天），其中有 15 天该点 SST 梯度大于 0.03 ℃/km，则 4 月份该点锋面出现的概率即为 0.5，此观测点则被看作锋面发生的点。

（4）基于锋面出现概率数据，绘制锋面出现概率图。

（5）基于锋面出现概率数据，根据锋面判断准则提取锋面位置，在此基础上统计锋面的发生频次及中心线长度等信息。

海洋锋面探测流程如图 5.18 所示。

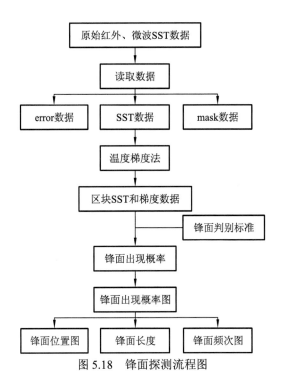

图 5.18　锋面探测流程图

5.2.3 西太平洋海洋锋面特征分析

2011~2020 年，在西太平洋区域共探测到 21 个锋面，各锋面名称如表 5.1 和图 5.19 所示。10 年间锋面出现位置比较集中，在空间上大致划分为三个区域：渤海、黄海和东海区域（区域 1）、日本海-鞑靼海峡区域（区域 2），以及日本以东太平洋区域（区域 3）。区域 1 和区域 2 锋面分布较为集中但是锋面分布区域面积小，区域 3 锋面分布相较前两个区域相对扩散并且区域面积最大。区域 1 锋面分布个数最多，达到 11 个，区域 2 锋面为 6 个，区域 3 为 4 个。区域 3 锋面个数虽然少，但是锋面平均长度最长，区域 2 锋面长度其次，区域 1 锋面平均长度最短。

表 5.1 西太平洋锋面名称表

编号	简称	英文名称	中文名称
1	BSF	Bohai Sea Front	渤海锋
2	SPF	Shandong Peninsula Front	山东半岛锋
3	WKoBF	West Korea Bay Front	西朝鲜湾锋
4	KyBF	Kyunggi Bay Front	九州湾锋
5	JSF	Jiangsu Shoal Front	江苏浅滩锋
6	FZF	Fujian-Zhejiang Front	福建-浙江锋
7	KF1	Kuroshio Front 1	黑潮锋 1
8	TCF1	Tsushima Current Front 1	对马海流锋 1
9	YBRF	Yangtze Bank Ring Front	长江岸环状锋
10	ECF	East Cheju Front	东济州岛锋
11	WCF	West Cheju Front	西济州岛锋
12	EKCF	East Korea Current Front	东朝鲜环流锋
13	TCF2	Tsushima Current Front 2	对马海流锋 2
14	NKF	North Korea Front	北朝鲜锋
15	SAF	Subarctic (Subpolar)Front	亚北极锋
16	HSF	Hokkaido-Sakhalin Front	北海道-库页岛锋
17	LCF	Liman Current Front	里曼海流锋
18	SCF	Soya Current Front	Soya 暖流锋
19	KOF	Kuril-Oyashio Front	千岛-亲潮锋
20	KF2	Kuroshio Front 2	黑潮锋 2
21	OF	Oyashio Front	亲潮锋

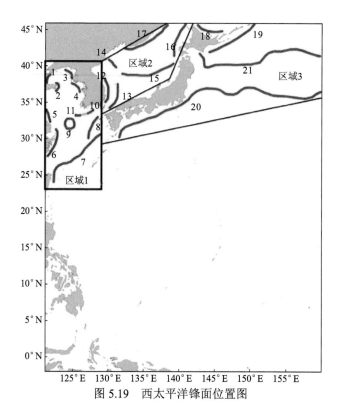

图 5.19　西太平洋锋面位置图

1. 锋面长度和频率变化特征

1）月尺度特征

2011～2020 年西太平洋区域锋面长度月统计如图 5.20 所示。该区域共探测到的 21 个锋面中，黑潮锋和亲潮锋较长，每月锋面长度为 1000～4500 km，其他锋面每月长度基本都低于 1000 km。西太平洋锋面存在季节性变化的特性，夏季和秋季锋面长度较短。2011～2020 年每月可探测锋面的个数为 8～21 个。

2011～2020 年每月产生锋面频次及锋面发生频次月统计如图 5.21 所示。从图中可以看出，21 条锋面发生频次均高于 55 次，其中黑潮锋和亲潮锋发生的频次最大，达到 120 次，对马海流锋和长江岸环状锋发生的频次较小。锋面频次极小值点出现在夏季，频次存在季节性变化，呈现先减小后增加的趋势。

2）季节特征

2010～2020 年锋面长度季统计如图 5.22 所示。从图中可以看到，西太平洋锋面长度存在明显的季节性差异，年内呈现先减后增的趋势，1～7 号锋面季锋面长度低于 1800 km，9～14 号锋面季节长度低于 2000 km，8 号锋面（对马海流锋 1）受季节影响较大，季节间锋面长度差异较大，15～20 号锋面季节锋面长度低于 6000 km，亲潮锋长度最长，在 4000～12 500 km 波动，有明显的季节性差异，夏季锋面长度较短，冬季锋面较长。黑潮锋 1、福建-浙江锋、对马海流锋 1 及亲潮锋波动较大。2010～2020 年锋面发生频次季统计图如图 5.23 所示，季节频次在 30～61 波动。

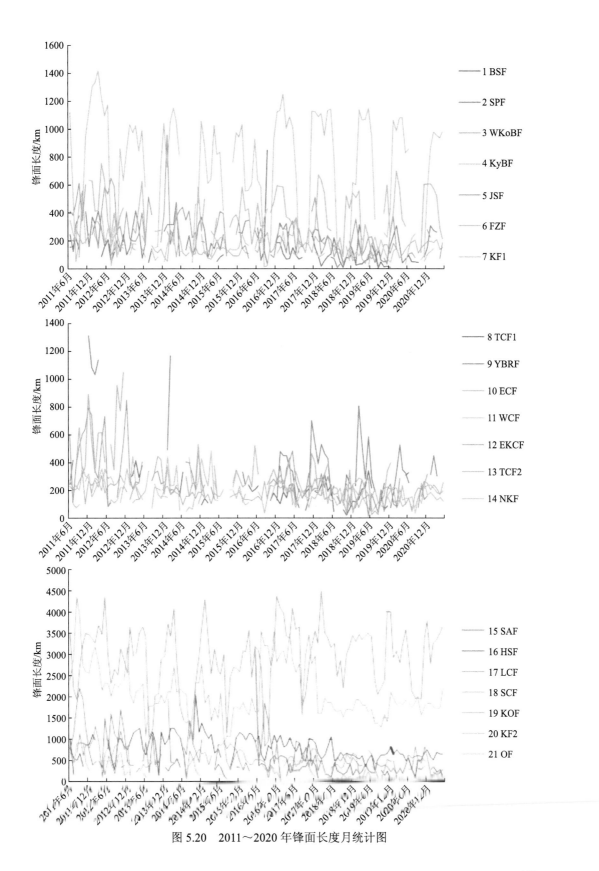

图 5.20　2011～2020 年锋面长度月统计图

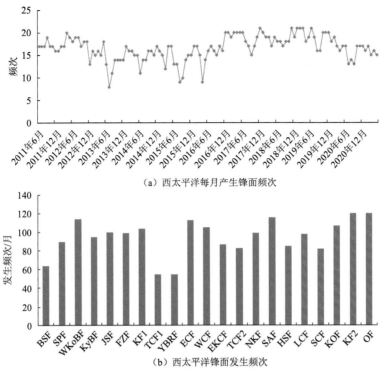

（a）西太平洋每月产生锋面频次

（b）西太平洋锋面发生频次

图 5.21　2011～2020 年每月产生锋面频次及锋面发生频次月统计图

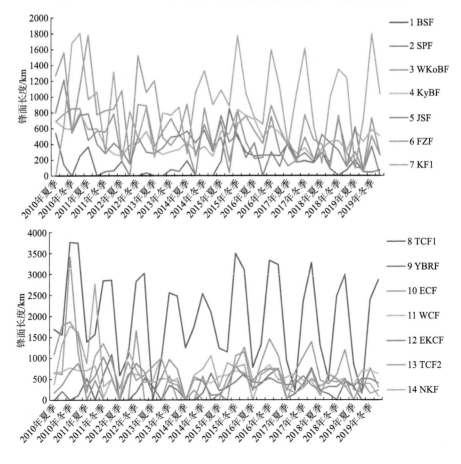

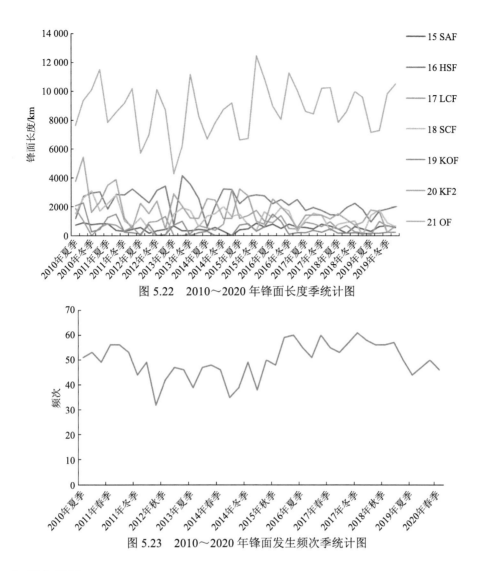

图 5.22　2010～2020 年锋面长度季统计图

图 5.23　2010～2020 年锋面发生频次季统计图

3）半年特征

2010～2020 年锋面频次及长度半年统计如图 5.24 所示。从图中可以看出：2012 年下半年和 2014 年上半年锋面频次最低，2010～2020 年锋面上下半年分布均匀，锋面常年存在；上半年的锋面长度高于下半年锋面长度，2016 年上半年锋面长度最高，其中黑潮锋 2 和亲潮锋占较大比例，2012 年下半年和 2013 年下半年锋面长度最低。

4）年特征

2010～2020 年锋面频次及长度年统计如图 5.25 所示。从图中可以看出，2016 年、2017 年和 2018 年全年频次较大，2012 和 2014 年频次较低，是因为 2012 和 2014 年渤海、黄海和东海区域（区域 1）、日本海–鞑靼海峡区域（区域 2）锋面频次较其他年份较低。2011～2019 年全年锋面分布均匀，大部分锋面年观测频次高于 8。黑潮锋 2 和亲潮锋年长度统计高于 20 000 km，2013 年黑潮锋 2 和亲潮锋长度最小，2016 年黑潮锋 2 和亲潮锋的长度最大。其他海洋锋面年长度均低于 15 000 km。

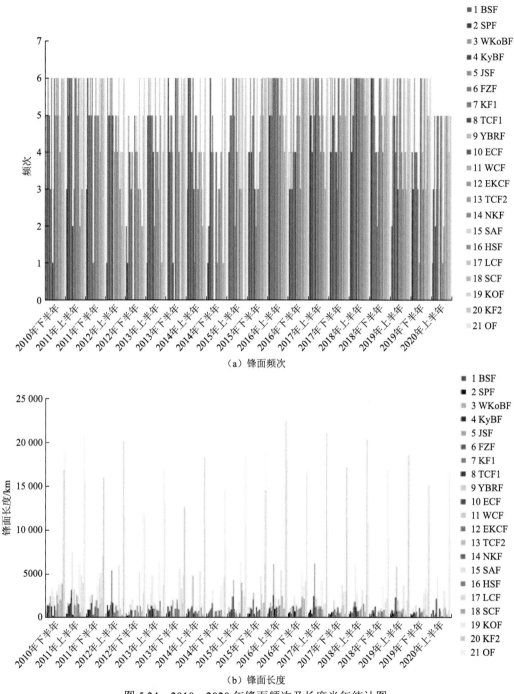

（a）锋面频次

（b）锋面长度

图 5.24　2010～2020 年锋面频次及长度半年统计图

2. 锋面位置特征

1）月特征

2010～2020 年锋面位置月分布如图 5.26 所示。从图中可以看出，西太平洋可以检测到 21 个锋面，分别是位于渤海和黄海区域的西朝鲜湾锋、福建浙江锋、黑潮锋1、东济州

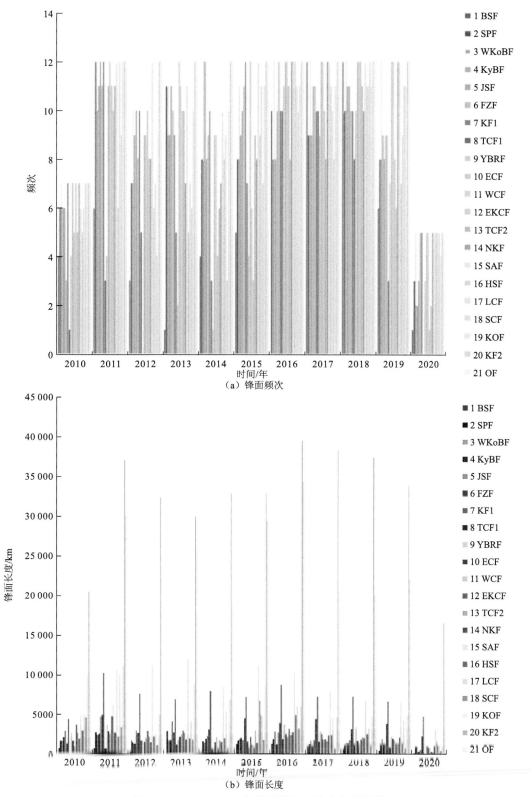

图 5.25　2010~2020 年锋面频次及长度年统计图

岛锋、西济州岛锋和位于日本海-鞑靼海峡区域的北朝鲜锋、亚北极锋、北海道-库页岛锋、里曼海流锋、Soya 暖流锋及位于日本以东太平洋区域黑潮锋 2、亲潮锋、渤海锋、山东半岛锋、九州湾锋、江苏浅滩锋、对马海流锋 1、长江岸环状锋、东朝鲜环流锋、对马海流锋 2、千岛亲潮锋。

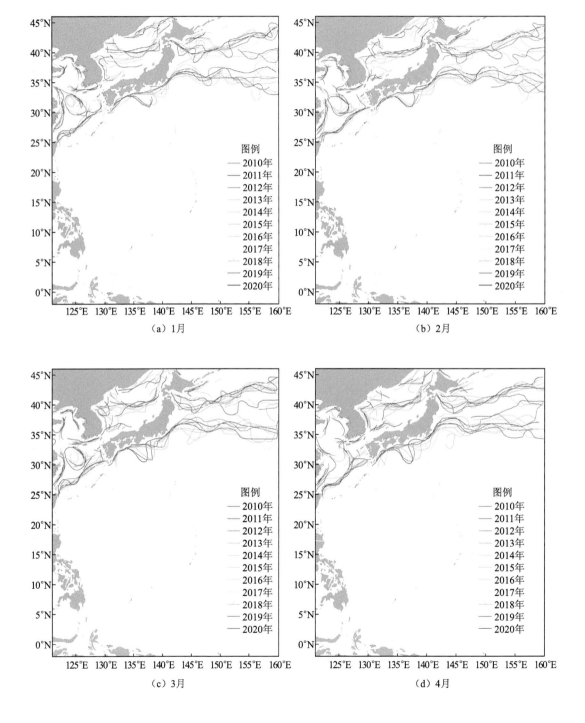

（a）1月 （b）2月

（c）3月 （d）4月

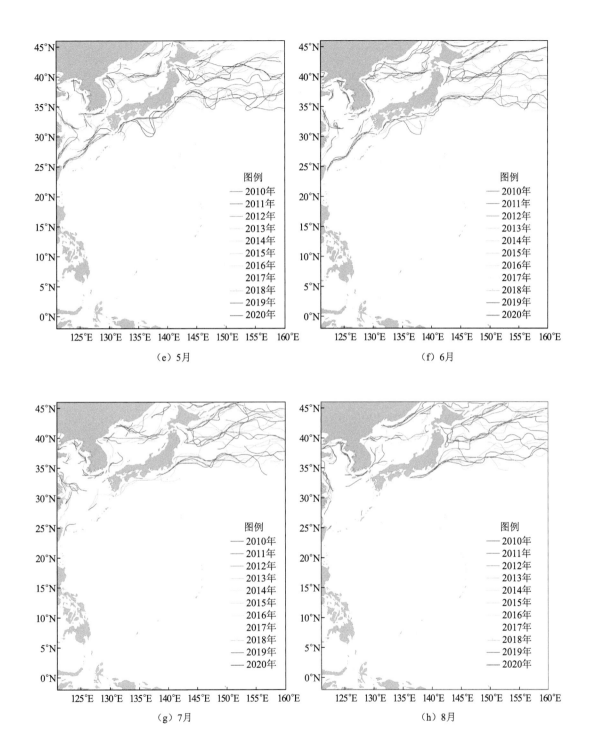

（e）5月

（f）6月

（g）7月

（h）8月

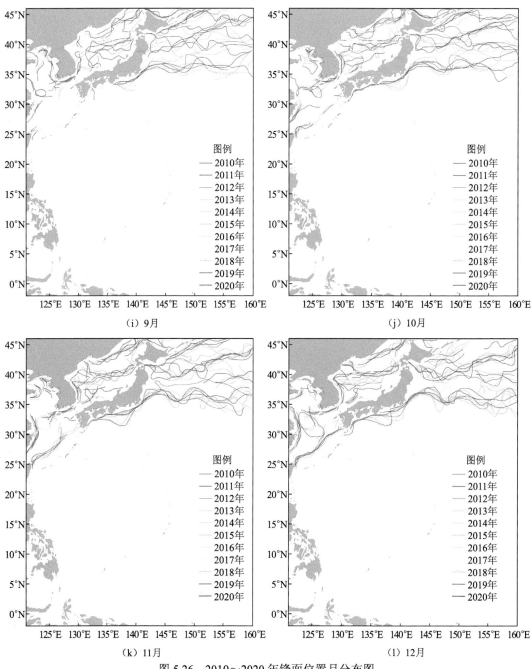

（i）9月

（j）10月

（k）11月

（l）12月

图 5.26　2010～2020 年锋面位置月分布图

除山东半岛锋、对马海流锋及长江沿岸锋外，我国渤海、黄海和东海区域中几乎全年所有锋面均可被检测到。黑潮锋 1 是我国渤海、黄海和东海区域发生频率较高的锋面，该锋面在 1～4 月发生频率慢慢下降，之后发生频率开始上升。西太平洋在 1～3 月检测到的锋面较为密集，21 个锋面在 3 个月中均能被检测到；4～6 月检测到的锋面相较于前三个月锋面变化不大；7 月、8 月在 6 月的基础上，有较小程度的减弱；最后 4 个月锋面又开始回升。江苏浅滩锋、福建-浙江锋、黑潮锋 1、长江岸环状锋、对马海流锋 2 开始出现，山东半岛锋、西朝鲜湾锋、九州湾锋、福建-浙江锋、黑潮锋 1、对马海流锋 2、亚北极锋、黑潮锋 2 和亲潮锋逐月增长。

2）季节特征

2010～2020 年锋面位置季分布如图 5.27 所示。从图中可以看出，西太平洋检测到的锋面较多，且发生的频率较高，每个季节均有锋面出现。我国渤海、黄海和东海区域春季

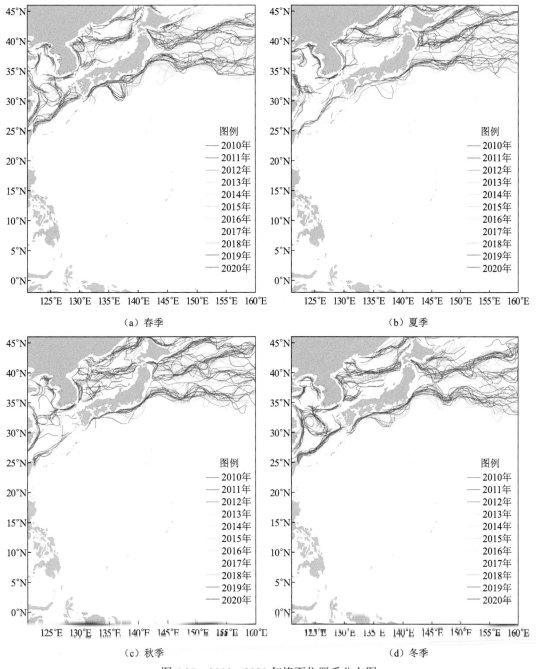

（a）春季 　　　　　　　　　　　　　　（b）夏季

（c）秋季 　　　　　　　　　　　　　　（d）冬季

图 5.27　2010～2020 年锋面位置季分布图

检测到的锋面长度较长，夏季和秋季逐渐减少，冬季又有所增多。日本海-鞑靼海峡区域检测到的锋面在春季呈上升趋势，夏季、秋季逐渐下降，冬季发生频率再次增加，长度也有所增加。日本以东太平洋区域亲潮锋和黑潮锋全年存在，发生频率高、长度长。

3）半年特征

2010～2020 年锋面位置半年分布如图 5.28 所示，从图中可以发现：西太平洋探测到的区域锋面整体较多且密集，锋面有长有短，几乎全年存在且发生频率较高；在渤海、黄海和东海区域锋面上半年发生频率相较下半年多，日本以东太平洋区域下半年检测到的锋面强度比上半年强，且更加密集。

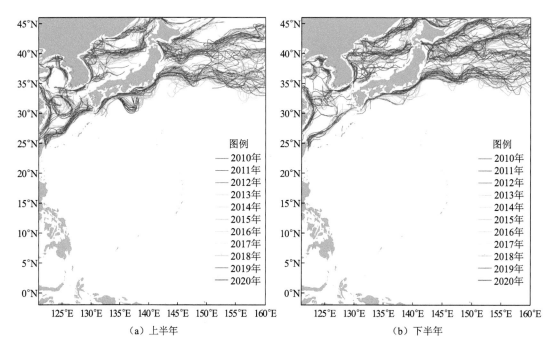

（a）上半年　　　　　　　　　　　　（b）下半年

图 5.28　2010～2020 年锋面位置半年分布图

4）年特征

2010～2020 年锋面位置年分布图如图 5.29 所示。从图中可以看到，西太平洋海域共探测到 21 个锋面，其中渤海、黄海和东海区域探测到了 11 个锋面，多为河口锋和陆架锋，分别是位于渤海湾东部的渤海锋、位于山东半岛东部的山东半岛锋、位于朝鲜西部海岸的西朝鲜湾锋、位于朝鲜西南海岸的九州湾锋、位于江苏省沿岸的江苏浅滩锋、位于浙江、福建沿岸的福建-浙江锋、台湾东部到日本九州西南部的黑潮锋 1、位于日本九州西部的对马海流锋 1、位于长江口岸的长江岸环状锋、位于济州岛东部的东济州岛锋，以及位于济州岛西部的西济州岛锋，这些锋面存在时间都较长也较为稳定。

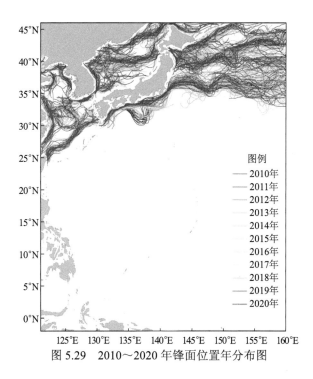

图 5.29 2010~2020 年锋面位置年分布图

3. 锋面范围特征

锋面范围以有锋面的海表温度格点数量为表征,即海表温度梯度大于 0.03 ℃/km 的点在每月中出现概率大于 30% 的锋面区域,用图 5.30 中红色区域表示。从图中可以看到,2014 年,渤海、黄海和东海区域,日本海-鞑靼海峡区域,以及日本以东太平洋区域锋面范围均有明显的季节性变化,特别是黑潮锋。

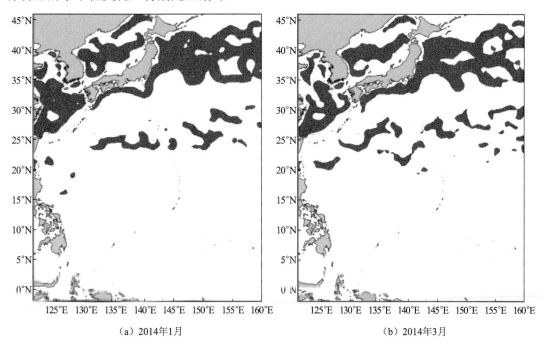

(a) 2014年1月   (b) 2014年3月

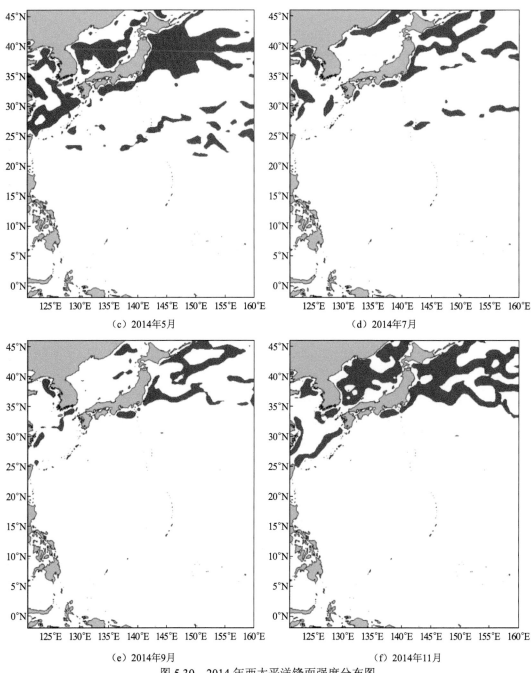

（c）2014年5月　　　　　　　　　　　　　　　（d）2014年7月

（e）2014年9月　　　　　　　　　　　　　　　（f）2014年11月

图 5.30　2014 年西太平洋锋面强度分布图

从图 5.30 可以看出，西太平洋区域锋面整体具有季节性变化，其中渤海、黄海和东海区域尤为明显。春季锋面的发生频率、范围均为一年中最高时期，从夏季开始逐渐下降，到秋季降到全年最低。9 月时渤海、黄海和东海区域的渤海锋，山东半岛锋，江苏浅滩锋，长江岸环状锋和西济州岛锋等多条锋面无法探测，直到冬季时锋面范围又再次变大，但不及春季的锋面发生范围。日本以东太平洋区域黑潮常年存在，所形成的锋面发生概率较高、强度较强、范围较大，虽然季节性变化与整个区域变化趋势相似，但变化幅度不及渤海、黄海和东海区域的锋面范围季节变化明显。

5.2.4 东海近岸和黑潮区锋面分布与变化特征

1. 锋面分布与变化

日本暖流又称黑潮，是整个东中国海环流的主干，对该海区的水文气象条件有重大影响。黑潮由北赤道发源，流经菲律宾，紧贴我国台湾东部进入东海，沿日本列岛的南部流去，即在东海台湾东部和日本诸岛南部产生了锋面，分别为黑潮锋 1 和黑潮锋 2。黑潮锋 1 发生频次较高、水平范围较大，锋面大致位于 120°E～130°E，24°N～31°N，呈南西-北东走向，长度一般为 60～1400 km。黑潮锋 1 在 5 月长度最长，8 月、9 月没有检测到；冬春季节锋面长度较长，夏秋季节长度较短；上半年锋面强度强于下半年。黑潮锋 2 大致位于 132°E～160°E，30°N～35°N，走向与黑潮 1 相似，长度约为 1000～3500 km，在西太平洋调查区域探测到的诸多锋面中长度最长、水平方向范围最大，全年均可探测到。该锋面 2 月长度最长；冬季的发生频率呈上升趋势，春夏两季的发生频率开始逐渐下降，水平方向上的范围减小，秋季又再次升高；上半年锋面强度强于下半年。2010～2020 年西太平洋锋面发生频次图如图 5.31 所示。

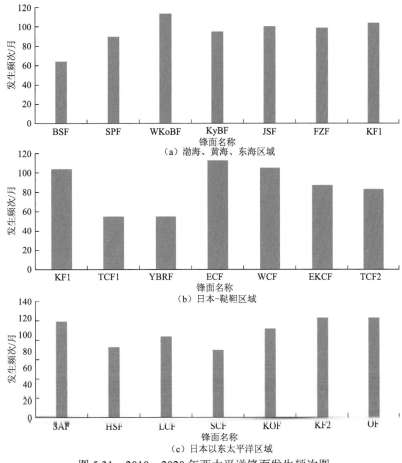

图 5.31　2010～2020 年西太平洋锋面发生频次图

2. 东海锋面强度与风速的相关性

东海锋面区经向、纬向风速和平均风速与锋面平均强度月变化如图 5.32 所示，其中左侧纵坐标为锋面平均强度值，右边为风速值。从图中可以看到，东海海域不同锋面的锋面强度、平均风速和风向均具有明显的季节性变化特征。东海近岸锋经向风速基本为负值，盛行东风，纬向风速呈现季节性变化，春季、夏季呈现正值，盛行南风，冬季、秋季呈现负值，盛行北风，全年风速呈先增大后减小的趋势。风速呈先增大后减小的趋势，有明显的季节性变化，属于典型的季风海域。温度锋呈现季节性变化，每年锋面平均强度呈现先减小后增大的趋势，冬季、春季锋面的平均强度较大，夏季、秋季的平均锋面强度较小，风速与平均锋面强度呈现负相关，并具有一定的滞后性。

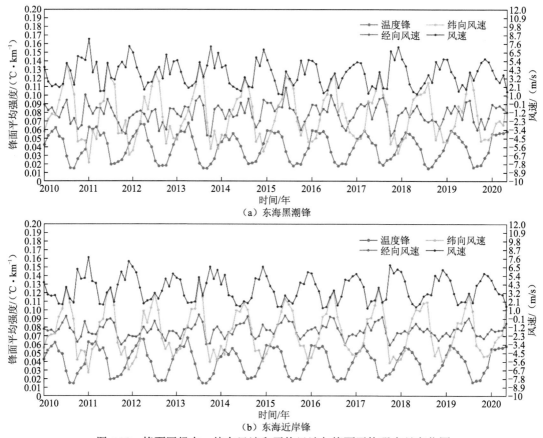

图 5.32 锋面区经向、纬向风速和平均风速与锋面平均强度月变化图

由图 5.32（a）中可以看出，东海黑潮锋全年存在，极大值多出现在冬季，极小值出现在夏季和秋季，该锋全年平均强度基本为 0.01～0.07 ℃/km，具有很强的周期性，经向风速为-4.5～1.0 m/s，纬向风速为-7.8～5.4 m/s，总风速的变化区间为 1.0～8.7 m/s。

由图 5.32（b）中可以看出，东海近岸锋全年存在，极大值多出现在冬季、春季，极小值出现在夏季和秋季，该锋全年平均强度基本为 0.01～0.07 ℃/km，具有很强的周期性，经向风速为-3.4～1 m/s 化，纬向风速为-7.8～5.4 m/s，总风速的变化区间为 1.0～7.6 m/s。

参 考 文 献

Belkin I M, O'Reilly J E, 2009. An algorithm for oceanic front detection in chlorophyll and SST satellite imagery. Journal of Marine Systems, 78(3): 319-326.

Chaigneau A, Gizolme A, Grados C, 2008. Mesoscale eddies off Peru in altimeter records: Identification algorithms and eddy spatio-temporal patterns. Progress in Oceanography, 79(2): 106-119.

Chelton D B, Schlax M G, Samelson R M, 2011. Global observations of nonlinear mesoscale eddies. Progress in Oceanography, 91(2): 167-216.

Fu L L, Chelton D B, Le Traon P Y, et al., 2010. Eddy dynamics from satellite altimetry. Oceanography, 23(4): 14-25.

Nencioli F, Dong C, Dickey T, et al., 2010. A vector geometry-based eddy detection algorithm and its application to a high-resolution numerical model product and high-frequency radar surface velocities in the Southern California Bight. Journal of Atmospheric and Oceanic Technology, 27(3): 564-579.

Okubo A, 1970. Horizontal dispersion of floatable particles in vicinity of velocity singularities such as convergences. Deep Sea Research Part I: Oceanographic, 17(3): 445-454.

Oram J J, Mcwilliams J C, Stolzenbach K D, 2008. Gradient-based edge detection and feature classification of sea-surface images of the Southern California Bight. Remote Sensing of Environment, 112(5): 2397-2415.

Ping B, Su F Z, Meng Y S, et al., 2014. A model of sea surface temperature front detection based on a threshold interval. Acta Oceanologica Sinica, 33(7): 65-71.

Shimada T, Sakaida F, Kawamura H, et al., 2005. Application of an edge detection method to satellite images for distinguishing sea surface temperature fronts near the Japanese coast. Remote Sensing of Environment, 98(1): 21-34.

Weiss J, 1991. The dynamics of enstrophy transfer in two-dimensional hydrodynamics. Physica D: Nonlinear Phenomena, 48(2-3): 273-294.

第6章 海洋遥感大数据在海浪灾害中的应用

6.1 台风浪跟踪分析

海浪是海洋中常见的自然现象,是在风的作用下产生的小尺度表面重力波,一般分为风浪和涌浪(Young,1999)。海浪作为基本海洋环境要素,影响着海气界面和海洋上层内部物质、能量和动量的交换。大浪(如台风浪)能够给航海、渔业、海洋工程等海上活动带来威胁和灾难,也会对堤岸、港口码头、沿海建筑及沿岸人民的生命、财产带来灾难性损失。因此,有效地对海浪进行观测、预报,对减少海浪灾害和海洋科学研究具有非常重要的意义。

传统的浮标和船载测量的海浪数据受空间的限制,难以获取大范围的时空分布资料,卫星遥感技术能够通过高度计对海浪环境进行大面观测,海浪数值模式也能够提供全球性的海浪数据,但对比发现,卫星高度计的观测结果要优于海浪数值模型(刘花 等,2013;李静凯 等,2012;谢辛 等,2009)。海面有效波高是卫星遥感观测海浪的特征参数。目前,卫星高度计是观测海面有效波高的重要手段,但因测量原理、观测方式和平台参数的限制,一般每 10~30 天才能覆盖全球重复一次,并不像微波散射计那样每天都能覆盖全球 90%的海域,可获取大面的海面风场信息(蒋兴伟 等,2010)。

6.1.1 风浪关系模型发展

20 世纪中期,人类就开始研究风浪谱,试图通过简单的波高与风速经验关系实现对海浪进行预报(汪炳祥,1962;文圣常,1960)。早期使用波级表的风浪经验预报,忽略风时、风区及海区形态等因素的影响,存在较大误差,为提高预报精度,人们依据不同海区、不同方向建立了风速和有效波高的统计关系(Rapizo et al.,2015;孙连成,1993)。Thiruvengadathan(1984)利用阿拉伯海和孟加拉湾浮标观测资料建立了海面有效波高与海面风速之间的非线性关系。周笃诚等(1990)利用天气雷达测量的海骚回波信号,分析了回波最大距离与海面风速、海面波高的关系,间接表达了海面风浪关系。随着卫星遥感技术的发展和遥感数据的积累,越来越多的国外学者利用 SEASAT(Kumar et al.,1988)和 GEOSAT(Natesan et al.,1992)卫星高度计数据研究了孟加拉湾及阿拉伯海域的风浪关系。

Pandey 等（1986）根据 SEASAT 高度计同步测量的海面有效波高和海面风速，建立了两者间的非线性关系，用于海浪的预报。Altunkaynak 等（2004）利用感知卡尔曼滤波模型从风速估计有效波高，并用于美国沿海站点数据。王广运等（2000）基于渤海海域的经验风浪关系式，通过 ERS-1 卫星散射计获取渤海每月最大风速数据和每月最大有效波高，统计分析了渤海海域波高极值和波高分布情况。赵喜喜（2006）以历史风浪经验关系为基础，建立了东中国海海域新的风浪经验成长关系，通过插值平均处理的散射计风场数据获得了瞬时风场下的有效波高数据，并与实测浮标数据进行对比，研究结果表明，建立的风浪关系与实测资料较符合，但整体偏高。可见，根据风浪关系模型，通过卫星反演的风场信息进行推算的方法，给获取和分析大面积海面风浪场带来了可能。

6.1.2　基于卫星遥感的风浪关系模型

本小节从卫星同步观测的雷达高度计和微波散射计资料出发，分析风浪条件下海面有效波高和海面风速之间的风浪关系，探讨大面海面有效波高信息的推算方法，为研究海浪灾害提供合理参考。

1. HY-2 卫星

HY-2 卫星是我国第一颗海洋动力环境探测卫星，于 2011 年 8 月 16 日成功发射。卫星采用太阳同步轨道，高度为 971 km，倾角为 99.34°，卫星降交点为地方时 6∶00AM，卫星设计寿命为 3 年，寿命前期采用重复周期为 14 天的回归冻结轨道，周期 104.46 min，星上主要载荷有雷达高度计、微波散射计、微波辐射计和大气矫正辐射计（蒋兴伟 等，2013），其中雷达高度计用于测量海面高度、海面有效波高等信息，微波散射计用于测量海面风场信息（许可 等，2005）。本小节研究采用以下两个方面的数据。

（1）HY-2 微波散射计风场数据。HY-2 微波散射计采用笔形波束圆锥扫面方式，具有大幅宽、无星下点盲区等观测特点，刘幅约为 1750 km，一天可覆盖超过 90%全球开阔海域，地面分辨率为 25 km。HY-2 微波散射计利用海面风场与后向散射系数之间的经验关系，建立地球物理模式函数，通过后向散射系数间接获取海面风矢量，风速测量精度小于 2 m/s，风向精度小于 20°（穆博 等，2014；徐莹，2009）。

（2）HY-2 雷达高度计海面有效波高数据。HY-2 雷达高度计是一种主动微波传感器，采用 Ku 波段（13.58 GHz±160 MHz）和 C 波段（5.25 GHz±160 MHz）双频工作体制，向海面垂直发射脉冲信号，分析回波特征，用于测量海面高度、有效波高和风速等海洋基本要素（徐莹，2009），海面有效波高测量范围为 0.5～20 m，测量精度为小于 10%或 0.5 m（Liu et al.，2016；Zhang et al.，2015）。

图 6.1 给出了 2013 年 10 月 1～15 日和 16～30 日两个时间段内 HY-2 雷达高度计海面有效波高在南海海域的数据轨迹。从图中可以看到，即使在 HY2 雷达高度计 14 天的重复观测周期内，仍不能对观测海域有效全覆盖。

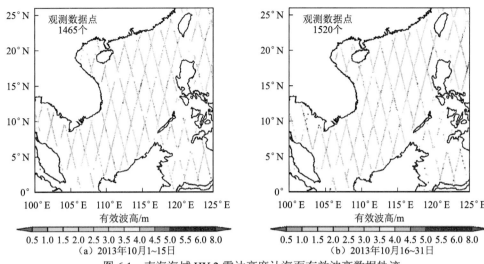

图 6.1　南海海域 HY-2 雷达高度计海面有效波高数据轨迹

2. 卫星遥感数据预处理

1）卫星数据质量控制

对于 HY-2 微波散射计反演的海面风矢量数据,选取风速反演值在 0～40 m/s 的风场数据,并根据风矢量在时间和空间上是连续变化的特点,以每个海面风矢量观测点为中心,选择 5×5 窗口内观测反演数据点作为样本点,保留该点与周围数据点风速均值小于 2 m/s 的数据,同时保留满足该 5×5 网格内风速标准差小于 1 m/s 的数据,作为有效的海面风矢量数据。

对于 HY-2 雷达高度计反演的有效波高数据,一方面,针对反演数据中存在的无效数据,根据《HY-2A 卫星雷达高度计数据用户手册》中提供的标准作为判断准则,将异常数据、缺失数据、仪器校正不正常及回波波形反演错误的数据剔除,保留有效反演的海面有效波高数据;另一方面,基于海浪波动具有连续性的特点,即海面有效波高在空间上是连续变化的,确保星下点观测数据与相邻观测点的海面有效波高数据绝对偏差和以该点为中心的 5×5 网格内有效波高数据标准差都小于 1 m,并将其作为有效的海面有效波高。

2）涌浪影响的海面有效波高剔除

卫星雷达高度计测量的海面有效波高是混合浪(风浪和涌浪的组合)的有效波高。为建立风浪条件下海面有效波高和海面风速的关系,需要尽可能地去除涌浪的影响,即尽可能地选取纯风浪下的海面有效波高。很多研究者提出了许多不同区分风浪和涌浪的研究方法(李永清 等,2012;郭佩芳 等,1997;汪炳祥 等,1990)。本小节采用 Pandey(1986)给出的适用于卫星高度计数据提取风浪有效波高的判定准则,从海浪能量的角度判断涌浪。在该判定准则中,雷达高度计观测的混合浪总能量表示为 E_{alt},充分成长的风浪能量表示为 E_{fd},两者的能量差可以视为涌浪的作用。

首先,根据 Longuet-Higgins 关系(Longuet-Higgins,1952),通过雷达高度计观测的

海面有效波高（$H_{1/3}$）计算混合浪总能量 E_{alt}，表示为

$$E_{\text{alt}} = 0.0625(H_{1/3})^2 \qquad (6\text{-}1)$$

其次，根据 Pierson&Moskowitz 海浪谱（Pierson et al.，1964）和 Mognard 等（1984）提出的经验关系，通过 10 m 高度处的风速（U_{10}），即散射计观测反演的海面风速，计算充分成长的风浪能量 E_{fd}，表示为

$$E_{\text{fd}} = 0.0625(H_{1/3})_{\text{fd}}^2 \qquad (6\text{-}2)$$

式中：$(H_{1/3})_{\text{fd}} = 0.025U_{10}^2$。

最后，混合浪总能量 E_{alt} 和充分成长的风浪能量 E_{fd}，两者的能量差可视为涌浪作用的能量。因此，当满足 $E_{\text{alt}} \leqslant E_{\text{fd}}$ 条件时，涌浪作用最小，此时提取出的数据可以看做是风浪条件下的海面有效波高。相反，当 $E_{\text{alt}} > E_{\text{fd}}$ 时，是存在涌浪的混合浪，该部分涌浪影响的海面有效波高数据应被剔除。

2013 年 10 月覆盖整个南海海域的卫星雷达高度计观测共有 2985 个数据点（图 6.1），经卫星资料质量控制和去除存在涌浪的混合浪海面有效观测数据处理后，风浪条件下卫星同步测量的海面有效波高和海面风速有效数据点仅有 931 个，如图 6.2 所示。

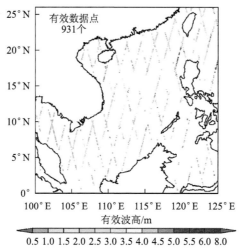

图 6.2　2013 年 10 月风浪条件下海面有效波高的有效数据轨迹点分布

3. 风浪关系分析

将 931 个 2013 年 10 月 HY-2 卫星雷达高度计和微波散射计同时观测的海面有效波高和海面风场数据点对，按散射计风速大小，分为 16～40 m/s 的高风速和 0～16 m/s 的低风速两类，分别进行线性和非线性拟合分析，其中满足低风速的数据点共 894 个，采用非线性二次多项式拟合，结果如图 6.3（a）所示，满足高风速的数据点有 37 个，采用线性拟合，结果如图 6.3（b）所示。

对于 0～16 m/s 的低风速，拟合的海面有效波高取值范围为 0～3.93 m 和实际卫星观测反演值之间的标准差为 0.58 m；对于 16～40 m/s 的高风速，拟合的海面有效波高取值范围为 4.06～8.99 m，和实际卫星观测反演值之间的标准差为 0.76 m。尽管高风速下拟合值和实际反演值的标准差较大，但实际有效波高较大，其相对标准差仍是较小的。值得注意的

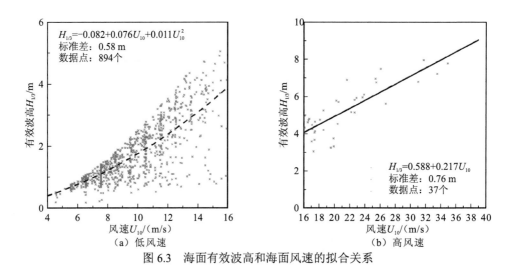

图 6.3 海面有效波高和海面风速的拟合关系

是，高风速和低风速拟合结果在分隔点 16 m/s 风速附近，两种情况下拟合的海面有效波高没有很好地重合，相差约 0.11 m。为保证连续风速下海面有效波高的一致连续性，将原高风速和低风速的分隔点重新微调为两条拟合曲线交点处的海面风速，约为 16.808 m/s，高风速和低风速的拟合曲线不变，建立海面有效波高和海面风速之间的风浪关系模型：

$$H_{1/3} = \begin{cases} -0.082 + 0.076 \times U_{10} + 0.011 \times U_{10}^2, & 0 < U_{10} \leqslant 16.808 \\ 0.588 + 0.217 \times U_{10}, & 16.808 < U_{10} < 40 \end{cases} \quad (6\text{-}3)$$

为验证本小节提出的基于 HY2 卫星数据建立的风浪关系模型，选择理论风浪模型和浮标实测数据建立的风浪模型进行比对验证，其中理论风浪模型是在无偏关系的假设下完全发展的 Pierson-Moskowitz 模型（Pierson et al.，1964），基于浮标实测数据建立的风浪模型采用 Thiruvengadathan 模型（T 模型）（汪炳祥，1962）。三种风浪关系模型的对比如图 6.4 所示，结果表明，本小节提出的风浪关系模型与基于浮标实测数据建立的 T 模型具有很好的一致性。

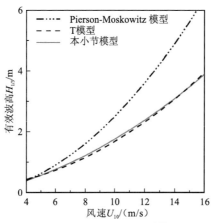

图 6.4 低风速下不同风浪关系模型的对比

此外，为了更全面地验证模型计算精度，利用本小节建立的风浪关系模型，基于 2013 年 11 月观测的海面风场数据，推算出海面有效波高，与同步观测的雷达高度计星下点处风浪条件下的海面有效波高进行对比验证，共 1393 个数据点，如图 6.5 所示。结果表明，两者的相关系数为 0.8，均方根误差（RMSE）为 0.6 m，说明本小节建立的风浪关系模型是具有可行性的。

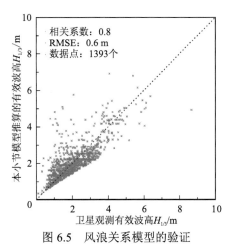

图 6.5　风浪关系模型的验证

6.1.3　台风浪信息跟踪

1329 号台风"罗莎"于 2013 年 10 月 30 日凌晨 2 点在西北太平洋洋面生成，生成后稳定地一路向西，擦过吕宋岛东北部沿海后，进入我国南海东北部海域，11 月 4 日在南海中西部海域减弱为热带低压，随后强度持续减弱，在南海运动期间对南海及周边海域产生了大浪和巨浪。利用本节建立的风浪关系模型，通过 HY2 微波散射计观测的海面风速推算出不同时刻海面有效波高的大面空间分布。图 6.6 给出了 2013 年 10 月 31 日 18 时、2013 年 11 月 1 日 6 时和 18 时、2013 年 11 月 2 日 6 时和 18 时、2013 年 11 月 3 日 6 时，连续 6 个时刻台风"罗莎"发生时台风浪海面有效波高的空间分布，数据覆盖区域远远高于雷达高度计的星下点观测。结果清晰地展现了台风"罗莎"经过南海海域时台风浪的分布和变化，为更好地分析、预报和预防台风浪、风暴潮灾害等提供了更多信息。

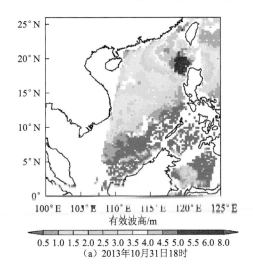

（a）2013年10月31日18时

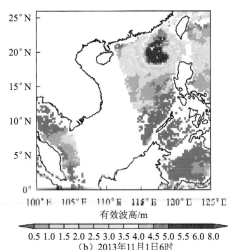

（b）2013年11月1日6时

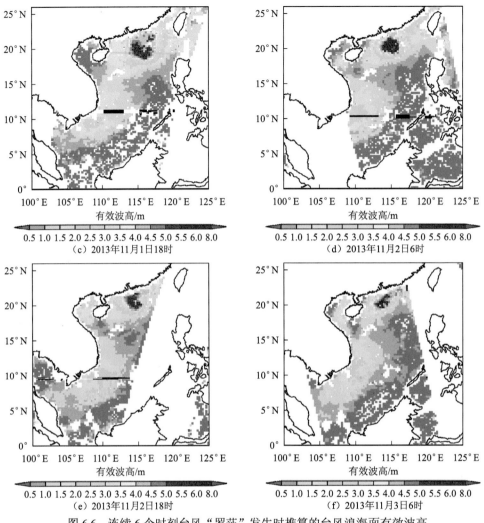

图 6.6 连续 6 个时刻台风"罗莎"发生时推算的台风浪海面有效波高

6.2 灾害性海浪特征分析

6.2.1 灾害性海浪

根据国际波级表规定,海浪级别按照海面有效波高进行划分,有效波高大于等于 4 m 的海浪称为灾害性海浪(许富祥,1996)。海面有效波高是指将某一时段连续测得的所有波高按大小排列,取总个数中的前 1/3 个大波波高的平均值(刘良明,2005)。卫星高度计遥感观测海面有效波高是通过分析卫星接收的海面对雷达的回波信号,反演获得海面有效波高产品,利用已有的海面有效波高遥感融合产品(NSOAS,2011;Fu et al.,2000;郜吉东 等,1996),确定灾害性海浪的分布。基于匹配点对比分析方法及海上浮标实测数据,对海面有效波高产品进行直接验证,产品总体相对误差为 15%(杨光 等,2016;Xu et al.,2014;Chen et al.,2013)。

6.2.2 灾害性海浪的空间分布及时间变化分析

本小节从卫星遥感海面有效波高融合产品出发，提取灾害性海浪信息，重点分析 2006～2016 年"一带一路"海上蓝色经济通道重点海域每年灾害性海浪发生频次、年变化趋势的空间分布，以及多年平均的月分布与逐月变化。

1. 灾害性海浪发生频次的空间分布

通过对比分析 2006～2016 年"一带一路"海上蓝色经济通道周边海域灾害性海浪每年发生频次的空间分布，以及不同重点海区灾害性海浪最大发生频次统计（表 6.1），可以看出，灾害性海浪集中发生在以南纬 50°和北纬 40°左右为中心的附近海域。受西风带的影响，南半球海域发生灾害性海浪的频次高于北半球海域。南半球的西风带海域发生灾害性海浪的次数最多，北半球海域灾害性海浪集中发生在太平洋北部和挪威海附近。在三个大洋海域，整个印度洋灾害性海浪发生最多达 284 次，最低次数也有 215 次，但印度洋北部较少发生，这为海上丝绸之路的航行安全提供了十分有利的条件；西南太平洋灾害性海浪发生最多达 265 次，最低 180 次。西北太平洋灾害性海浪发生最多达 136 次，最低 87 次。9 个沿海海区中，位于高纬度的欧洲北海海域灾害性海浪发生相对较多，阿拉伯海、中国南部海域和日本海次之，其他海域年均发生低于 10 次，位于赤道附近的爪哇-班达海几乎不发生灾害性海浪。从各海区最大发生次数的统计来看，整个"一带一路"海上蓝色经济通道周边海域，2015 年灾害性海浪发生最多，2014 年和 2016 年次之，2011 年和 2012 年为历年最低。

表 6.1 灾害性海浪发生频次统计

海域	时间/年											
	2006	2007	2008	2009	2010	2011	2012	2013	2014	2015	2016	年均
日本海	14	14	15	16	10	7	10	11	7	12	7	11.18
中国东部海域	9	9	12	11	5	9	9	15	11	5	6	9.18
中国南部海域	20	15	16	14	9	18	9	10	10	10	12	13.00
爪哇-班达海	0	0	0	0	0	0	0	0	0	0	0	0.00
孟加拉湾	6	6	5	5	0	4	3	3	4	4	2	3.81
阿拉伯海	39	35	38	29	30	17	14	48	46	29	29	32.18
地中海	6	15	8	16	6	4	4	10	4	7	4	7.63
黑海	2	1	2	0	1	4	5	0	0	0	1	1.45
北海	38	45	49	29	21	63	45	46	54	72	39	45.54
西北太平洋	102	111	87	106	109	111	108	111	136	93	130	109.45
西南太平洋	220	189	206	180	228	199	187	191	207	265	209	206.72
印度洋	242	255	245	247	260	215	247	221	275	279	284	251.81
全区域平均	58.16	57.91	56.91	54.41	56.58	53.67	53.41	55.5	62.83	64.66	60.25	57.66

图 6.7 所示为"一带一路"3 大洋海域、9 个海区每年灾害性海浪发生的频次。结果表明：3 个大洋海域中，印度洋发生次数最多，西南太平洋次之，两者呈锯齿状变化，且两者变化相反；西北太平洋发生频次年际间震荡不大，但总体呈逐年缓慢上升趋势。9 个沿海海区中，黑海、地中海和孟加拉湾年际间变化较小，北海和阿拉伯海年际间变化显著；北海 2010 年发生最少，阿拉伯海 2011 年发生最少；亚洲东部的日本海、中国东部海域和中国南部海域在 2010 年前变化较一致，之后中国南部海域和日本海变化趋势相反。

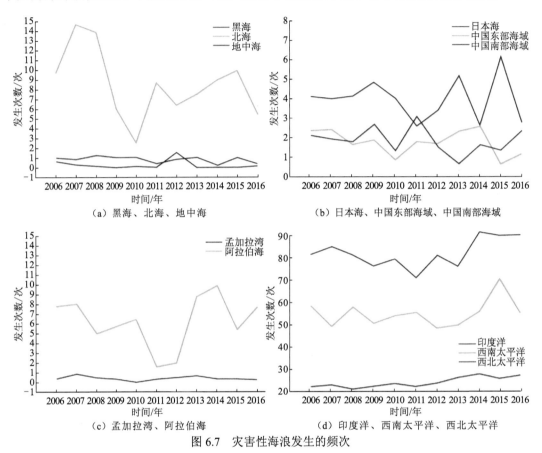

图 6.7　灾害性海浪发生的频次

2. 灾害性海浪发生频次的变化趋势

"一带一路"海上蓝色经济通道周边海域灾害性海浪发生频次的年际变化趋势存在显著的区域差异（表 6.2）。发生频次增加较大的区域集中分布在高纬度西风带区域，其中位于印度洋西风带海域最大增加幅度可达 18 次；而西风带外围海域和近海海域普遍呈减少趋势，特别是高纬度的北海中部海域，发生频次减少幅度最大，达 4.5 次；低纬度的阿拉伯海西部减少幅度达 4 次。整体而言，西北太平洋、西南太平洋和印度洋三个大洋海域是灾害性海浪高频次发生的区域，而且发生频次呈逐年上升趋势；9 个沿海海区中，黑海和阿拉伯海海区灾害性海浪发生频次整体也呈增加趋势，其他海区整体呈减少趋势，其中日本海和孟加拉湾海变化很小。

表 6.2　灾害性海浪发生频次年际变化趋势统计　　　　　　　　　　（单位：次/年）

海域	区域内变化趋势最大值	区域内变化趋势最小值	区域内变化趋势均值
日本海	2	-1.0	-0.006
中国东部海域	1	-3.0	-0.114
中国南部海域	1	-1.26	-0.095
爪哇-班达海	0	0	0
孟加拉湾	1.5	-2.0	-0.006
阿拉伯海	4	-4.0	0.086
地中海	2	-2.0	-0.013
黑海	4	-0.75	0.257
北海	3	-4.5	-0.457
西北太平洋	4	-3.52	0.698
西南太平洋	10	-6.0	0.608
印度洋	18	-3.56	1.021

3. 灾害性海浪发生的多年平均分布和季节变化

结合"一带一路"海上蓝色经济通道周边海域灾害性海浪发生频次的月均变化（图 6.8），可以发现，受高纬度寒潮冷空气、低纬度热带气旋天气及西南太平洋和印度洋的西风带影响，"一带一路"海上蓝色经济通道周边海域灾害性海浪发生频次大体呈先上升后下降的趋势，在 7 月达到峰值。个别年份出现异常值，如 2015 年的 10 月出现异常大值，而 2007 年 6 月出现了异常小值。此外，1 月份发生次数普遍大于 2 月（2008 年 2 月除外），但西北太平洋和挪威海附近 11 月至次年 2 月的秋冬季发生次数较多，6～8 月的夏季少有发生。

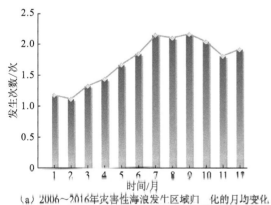
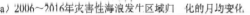

（a）2006～2016年灾害性海浪发生区域归一化的月均变化

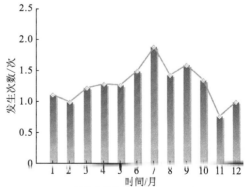

（b）2006年灾害性海浪发生区域归一化的月均变化

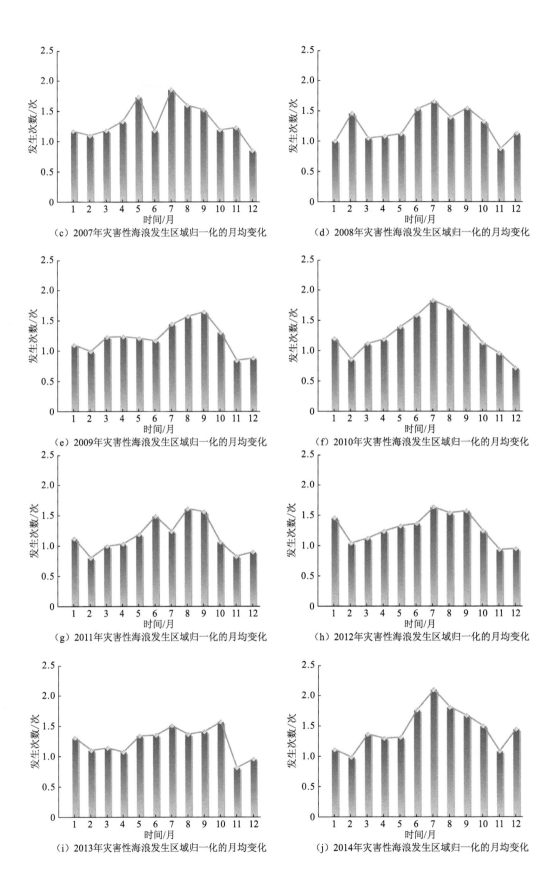

（c）2007年灾害性海浪发生区域归一化的月均变化

（d）2008年灾害性海浪发生区域归一化的月均变化

（e）2009年灾害性海浪发生区域归一化的月均变化

（f）2010年灾害性海浪发生区域归一化的月均变化

（g）2011年灾害性海浪发生区域归一化的月均变化

（h）2012年灾害性海浪发生区域归一化的月均变化

（i）2013年灾害性海浪发生区域归一化的月均变化

（j）2014年灾害性海浪发生区域归一化的月均变化

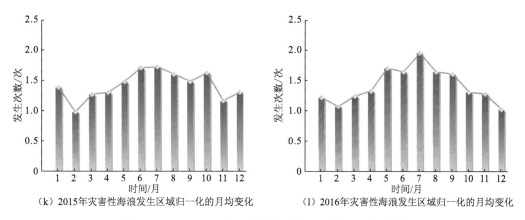

（k）2015年灾害性海浪发生区域归一化的月均变化 （l）2016年灾害性海浪发生区域归一化的月均变化

图 6.8　2006～2016 年灾害性海浪发生频次的月均变化

　　图 6.9 为"一带一路"不同海域平均的灾害性海浪发生次数的逐月比较。从图中可以看出，阿拉伯海域灾害性海浪发生主要集中在 6 月、7 月，日本海集中在 11 月至次年 3 月，中国南部海域集中在 10 月至次年 1 月，北海集中在 10 月至次年 3 月。地中海灾害性海浪发生频次呈先减少后缓慢增加的趋势，而中国东部海域呈先增加后减少的趋势，孟加拉湾和黑海却少有发生。

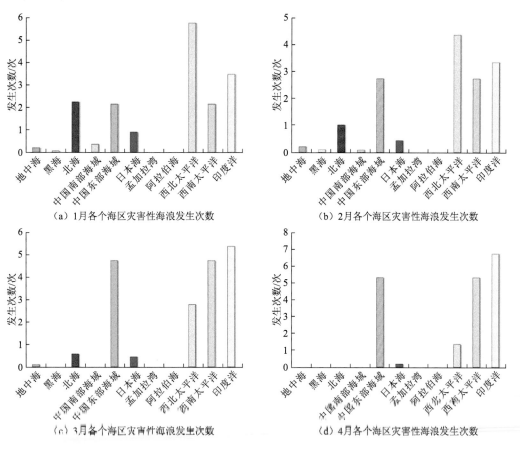

（a）1月各个海区灾害性海浪发生次数 （b）2月各个海区灾害性海浪发生次数

（c）3月各个海区灾害性海浪发生次数 （d）4月各个海区灾害性海浪发生次数

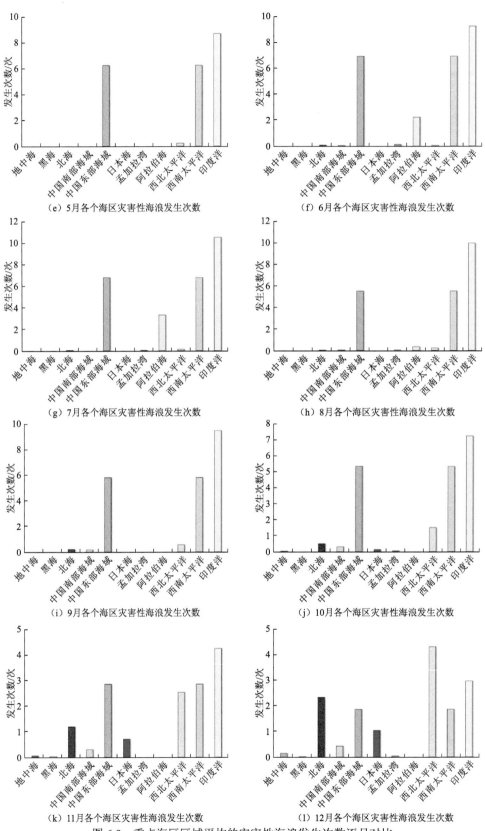

（e）5月各个海区灾害性海浪发生次数

（f）6月各个海区灾害性海浪发生次数

（g）7月各个海区灾害性海浪发生次数

（h）8月各个海区灾害性海浪发生次数

（i）9月各个海区灾害性海浪发生次数

（j）10月各个海区灾害性海浪发生次数

（k）11月各个海区灾害性海浪发生次数

（l）12月各个海区灾害性海浪发生次数

图6.9　重点海区区域平均的灾害性海浪发生次数逐月对比

总的来说，对于"一带一路"海上合作共建的三条蓝色经济通道，经北冰洋连接欧洲的蓝色经济通道，在 11 月至次年 3 月是灾害性海浪高发时段，主要集中在日本海海域；中国—大洋洲—南太平洋蓝色经济通道，由于通道路线大部分都在低纬度地区，所以较少发生灾害性海浪，发生主要集中在 11 月至次年 1 月期间；中国—印度洋—非洲—地中海蓝色经济通道中的北海、地中海、阿拉伯海和中国东部海域灾害性海浪集中月份各不相同，在频次上北海和阿拉伯海海区发生较多，西行海上经济通道主要需关注欧洲大陆的北海、阿拉伯海、中国东部海域和地中海海域的灾害性海浪发生。

参 考 文 献

郜吉东, 佘军, 丑纪范, 等, 1996. 利用星载雷达高度计确定海面动力高度的一种新方案. 兰州大学学报 (1):133-137.

郭佩芳, 施平, 王华, 等, 1997. 划分风浪与涌浪的一个新判据: 海浪成分及其在南海的应用. 青岛海洋大学学报(2): 3-9.

蒋兴伟, 林明森, 2014. HY-2 卫星微波散射计海面风矢量场反演技术研究. 中国工程科学, 16(6): 39-45.

蒋兴伟, 林明森, 宋清涛, 等, 2013. 海洋二号卫星主被动微波遥感探测技术研究. 中国工程科学, 15(7): 4-11.

蒋兴伟, 宋清涛, 2010. 海洋卫星微波遥感技术发展现状与展望. 科技导报, 28(3): 105-111.

李静凯, 周良明, 李水清, 2012. TOPEX 高度计数据反演北太平洋海浪周期. 海洋通报(3): 268-277.

李水清, 赵栋梁, 2012. 风浪和涌浪分离方法的比较. 海洋学报, 33(6): 1-7.

刘花, 王静, 齐义泉, 等, 2013. 南海北部近岸海域 Jason-1 卫星高度计与浮标观测结果的对比分析. 热带海洋学报, 32(5): 15-22.

刘良明, 2005. 卫星海洋遥感导论. 武汉: 武汉大学出版社.

穆博, 林明森, 彭海龙, 等, 2014. HY-2 卫星微波散射计反演风矢量产品真实性检验方法研究. 中国工程科学, 16(6): 39-45.

孙连成, 1993. 渤海湾西南部风浪关系分析. 水道港口(1): 35-39.

汪炳祥, 1962. 新型风浪谱及其应用. 海洋与湖沼(Z2): 142-160.

汪炳祥, 王一飞, 1990. 风浪与涌浪的划分判据. 海洋科学进展(1): 16-24.

王广运, 赵进平, 宋如轼, 2000. 利用卫星微波遥感资料推算波浪极值. 港工技术(1):11-18.

文圣常, 1960. 普通风浪谱及其应用. 山东海洋学院学报, 1: 15-43.

谢辛, 李燕初, 许德伟, 等, 2009. 利用 TOPEX 卫星高度计资料分析台湾岛周边海域巨浪和大风特征. 海洋学报(5): 1-9.

徐莹, 2009. HY-2 卫星高度计有效波高反演算法研究. 青岛: 中国海洋大学.

许富祥, 1996. 中国近海及其邻近海域灾害性海浪的时空分布. 海洋学报(中文版) (2):26-31.

许可, 董晓龙, 张德海, 等, 2005. HY-2A 雷达高度计和微波散射计. 遥感技术与应用, 20(1): 89-93.

杨光, 宋清涛, 蒋兴伟, 等, 2016. HY-2A 卫星海面高度数据质量评估. 海洋学报, 38(11): 90-96.

赵喜喜, 2006. 中国海散射计风、浪算法研究及海面风场、有效波高的时空特征分析. 青岛: 中国科学院海洋研究所.

周笃诚, 陈亿署, 1990. 利用海骚回波推测海面风浪. 台湾海峡(3): 269-274.

Altunkaynak A, Özger M, 2004. Temporal significant wave height estimation from wind speed by perceptron Kalman filtering. Ocean Engineering, 31(10): 1245-1255.

Chen C, Zhu J, Lin M, et al., 2013. The validation of the significant wave height product of HY-2 altimeter-primary results. Acta Oceanologica Sinica, 32: 82-86.

Fu L L, A Cazenave, 2000. Satellite altimetry and earth sciences: A handbook of techniques and applications. Amsterdam: Elsevier.

Kumar R, Sarkar A, Gupta V D, 1988. Wind-wave relationship in the bay of Bengal and Arabian Sea using SEASAT data. Mahasagar, 21(1): 1-5.

Liu Q, Babanin A V, Guan C, et al., 2016. Calibration and validation of HY-2 altimeter wave height. Journal of Atmospheric and Oceanic Technology, 33(5): 919-936.

Longuet-Higgins M, 1952. On the statistical distributions of the heights of sea waves. Journal of Marine Research, 11: 245-265.

Mognard N M, Campbell W J, Brossier C, 1984. World ocean mean monthly waves, swell, and surface winds for July through October 1978 from SEASAT Radar Altimeter Data. Marine Geodesy, 8(1-4): 159-181.

Natesan U, Subramanian S P, 1992. Wind-wave relationship for Bay of Bengal from GEOSAT data. Journal of the Indian Society of Remote Sensing, 20: 159-164.

NSOAS, 2011. HY-2A radar altimeter data format user guide. National Satellite Ocean Application Service. http:// www. nsoas. gov. cn/. 2023-06-17.

Pandey P C, Gairola R M, Gohil B S, 1986. Wind-wave relationship from SEASAT radar altimeter data. Boundary-Layer Meteorology, 37: 263-269.

Pierson W J, Moskowitz L, 1964. A proposed spectral form for fully developed wind seas based on the similarity theory of SA Kitaigorodskii. Journal of Geophysical Research, 69(24): 5181-5190.

Rapizo H, Babanin A V, Schulz E, et al., 2015. Observation of wind-waves from a moored buoy in the Southern Ocean. Ocean Dynamics, 65: 1275-1288.

Thiruvengadathan A, 1984. Wave in the Arabian Sea and Bay of Bengal during the monsoon season. Mausam, 35:103-106.

Xu G J, Yang J S, Xu Y, et al., 2014. Validation and calibration of significant wave height from HY-2 satellite altimeter. Journal of Remote Sensing, 18(1): 206-214.

Young I R, 1999. Wind Generated Ocean Waves. Amsterdam: Elsevier.

Zhang H, Wu Q, Chen G, 2015. Validation of HY-2A remotely sensed wave heights against buoy data and Jason-2 altimeter measurements. Journal of Atmospheric and Oceanic Technology, 32(6): 1270-1280.

第7章 海洋遥感大数据在海洋预报中的应用

7.1 人工智能海洋预报技术

自 20 世纪 70 年代起，卫星遥感、航空遥感技术和深海探测技术兴起，积累了海量大尺度范围的海洋观测数据，建立了长时序连续立体观测数据库（应晨璐 等，2014），为数据驱动大数据智能预报模型提供了可能。由于海洋的变化表现出一定的周期性，通过对过去海表的遥感观测就能预报未来一定时间的海表变化情况，而无需使用复杂的数值模型。其中代表性方法有动态时间规整算法（He et al.，2020）、遗传算法（Neetu et al.，2011）、支持向量机（support vector machine，SVM）（Lins et al.，2013）、随机森林（Su et al.，2018）、人工神经网络（Li et al.，2019；Garcia-Gorriz et al.，2007）等。从传统统计方法到人工智能方法，深度学习方法能从多个非线性变换构成的神经网络结构中实现对数据的多尺度抽象，挖掘出隐藏在数据间的复杂联系，非常适用于非线性系统的建模研究。人工智能模型的训练和推理过程具有高度的并行性，能够适应大数据的吞吐要求，已成为海洋预报的重要研究方向。

7.1.1 逐点建模

Tangang 等（1997）首次将感知器模型应用到海洋预报中，预测 Nino 3.4 区（6°S～6°N，120°W～170°W）的热带太平洋海表温度异常：采用风应力 EOF 前 7 个模态和 Nino3.4 指数作为输入，提前 12 个月成功预报了 ENSO，结果优于传统统计模型。Tangang 等（1997）的研究首次实现了对海表温度的逐点（区域平均）建模。Wu 等（2006）发展了 Tangang 等（1997）的方法，以海平面压力和海表温度作为输入，将预报时长提升到 15 个月。Tripathi 等（2008）对南印度洋区域提取的不同季节平均海表温度进行研究，并采用人工神经网络对印度夏季风进行预报，结果表明，人工神经网络模型性能要优于相应的回归模型。Li 等（2019）将海表温度数据分为气候月平均数据集和月异常数据集，构建两个神经网络分别进行训练，将两个网络组合后得到最后的海表温度预报结果。

机器学习方法如随机森林、Xgboost 也是逐点建模的重要手段。Wolff 等（2020）对比了广义加法模型、随机森林、Xgboost、多层感知器及机器学习多模型集合预报模型和数值模型的预报精度，结果表明多模型集合可以提高预报精度。此外，集合预报模型相对误差较小，表明数值模式在温度较低（增加相对误差）时表现较差。但是逐点建模过程并不针对序列数据设计，因此无法利用海洋数据时间域上周期性变动的特点。

7.1.2 时间域建模

海洋观测数据可视为长时间序列数据，自回归移动平均（auto regressive moving average，ARIMA）是常用的序列数据建模方法。Nawi 等（2021）分别使用 ARIMA、SVM 和两者的组合模型，利用 MODIS 和 HYCOM 数据集进行了预报试验，如表 7.1 所示。

表 7.1 ARIMA、SVM 和两者的组合模型试验结果比较

数据	方法	MAE/℃	MAPE	MSE/℃	RMSE/℃
SST（MODIS）	ARIMA	0.542	0.019	0.515	0.717
SST（HYCOM）	ARIMA	0.276	0.009	0.191	0.437
SST（MODIS）	SVMs	0.418	0.014	0.295	0.543
SST（HYCOM）	SVMs	0.190	0.006	0.077	0.278
SST（MODIS）	ARIMA+SVM	0.226	0.008	0.098	0.313
SST（MODIS）	ARIMA+SVM	0.140	0.005	0.071	0.266

循环神经网络（recurrent neural network，RNN）具有记忆性、参数共享、图灵完备的特点，对于长时间序列数据的非线性特征进行学习时具有一定的优势。但 RNN 存在长期依赖问题，即在对序列进行学习时，会出现梯度消失和梯度爆炸现象，无法掌握长时间跨度的非线性关系。为解决长期依赖问题，Hochreiter 等（1997）引入恒定误差传播单元，提出了长短期记忆（long short-term memory，LSTM）网络。LSTM 网络及其变种门控循环单元（gated recurrent unit，GRU）网络解决了传统 RNN 梯度消失和梯度爆炸问题，适用于海表温度序列的建模预报。Zhang 等（2017）组合全连接层和 LSTM 层，预测了渤海多点的海表温度，并进行短期预报（包括一天和三天）和长期预测（包括每周平均值和每月平均值）。Liu 等（2018）分析了海洋温度变化的时间相关性，提出一种时间相关性参数矩阵融合方法，并使用融合后的序列训练 LSTM 网络以获得预测模型，进行了不同海域不同深度的单日海表温度预报实验。Jahanbakht 等（2021）结合 LSTM 网络和多层感知器（multilayer perceptron，MLP），在渤海、南海和西北太平洋海域开展了海表温度多点预报实验。Xiao 等（2019b）将 LSTM 模型与 AdaBoost 模型融合，使用 LSTM 模型学习长期依赖，基于 AdaBoost 模型不易过拟合的特点，在东海进行海表温度预测，结果单点单天平均预报误差约为 0.4℃，预报 10 天预报误差约为 1.0℃。

7.1.3 空间域建模

MLP 模型和 LSTM 模型均是从时间域上对海洋数据进行建模研究，往往只进行了站点的预报实验。事实上，海表数据序列是典型的时空序列，空间域上的建模更需要重点关注。Yang 等（2018）使用 3D 网格约束中心像素的局部相关性，提出一个由全连接的 LSTM 层和卷积层构成的模型结构，通过对渤海海域的实验证实了模型的可行性。ENSO 预报是学

界关注的重点，也是预报的难点，主要原因是可用数据较少，ENSO 的周期为 2～7 年，但是卫星观测资料仅积累了近几十年。Ham 等（2019）采用迁移学习的方法将 1871～1973 年的海表温度观测数据和 CMIP5 气候数据相结合，构建数据集，使用卷积神经网络（convolutional neural networks，CNN）建模海表温度异常的空间域变化，实现了提前 17 个月预报 ENSO。Zheng 等（2020）提出由 CNN 复合堆叠的多尺度级联模型，模拟了热带不稳定波演变过程。

7.1.4 时空域综合建模

Shi 等（2015）提出了长短时记忆卷积（convolutional long short-term memory，ConvLSTM）神经网络（图 7.1），将输入与各个门之间的连接由前馈式替换成卷积，同时状态与状态之间也换成了卷积运算，使其不仅具有 LSTM 的时序建模能力，而且还能像 CNN 一样刻画局部特征，可用于连续时相的建模研究。

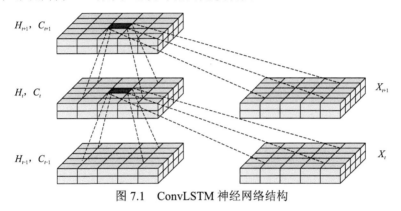

图 7.1　ConvLSTM 神经网络结构

Xiao 等（2019a）沿用了该结构，使用 ConvLSTM 神经网络建模海表温度的时空依赖，端到端（sequence to sequence）地预报海表温度，在提前 1～10 天的预报中始终优于其他模型，第 10 天的预报误差在 1 ℃左右。

贺琪等（2019a）提出了一种结合注意力机制的区域型海表温度预报模型，该模型利用时间域上的注意力机制对卷积神经网络学习到的海表温度特征进行加权，将其输入 ConvLSTM 神经网络中解码，从而实现海表温度的预报。自 Google 于 2017 年提出 Transformer 结构（Vaswani et al.，2017）后，基于 Transformer 的模型变种被应用到各个领域，并在部分领域取得了最先进的模型性能。Dosovitskiy 等（2020）将其应用到计算机视觉领域，提出了视觉变换方法，事实上，这是一种多头注意力机制。Zhao 等（2022）将其引入 SST 预报，使用 CNN 处理图像的局部信息，使用 ConvLSTM 预测小块图像信息的时间序列，使用视觉变换对原始图像进行分块，并编码视觉信息，使用去卷积神经网络进行解码，探究大数据模型是否能与数值模式一样开展上层海洋对台风的响应等物理海洋过程研究。

然而，对于时空序列的建模容易陷入模型性能和训练开销的矛盾。事实上，ConvLSTM 神经网络和传统的注意力机制在大尺度范围的训练仍是昂贵的，因此以上多数方法只进行了小区域或低分辨率的测试。传统深度学习方法将海洋预报问题视为黑盒进行预测，而缺乏对其时空特性的设计考虑，制约了模型对特定物理海洋现象的模拟能力。此外，海洋是多圈层多要素耦合的复杂系统，开展海洋大数据分析预报需考虑其他环境要素的影响，特别是强关联要素。

7.2 海洋环境智能预报模型

7.2.1 基于时空关联的海表叶绿素 a 浓度遥感大数据分析预报

叶绿素 a 是海洋初级生产力的重要指标，其浓度变化反映海洋生态系统的状况。监测叶绿素 a 浓度有助于评估海洋生态环境质量（Sathyendranath et al.，2019）。叶绿素 a 吸收了大部分的光合活性辐射，是海洋对入射光的吸收性能的决定因素。叶绿素 a 浓度预测有助于估算海洋的光照利用效率（Lee et al.，2002）。卫星遥感通过监测表层水色信息获得海表叶绿素 a 分布信息，但存在较大不确定性。叶绿素 a 浓度预测可以减少这种不确定性，提高卫星数据的使用效率（Sá et al.，2015）。基于卫星遥感建立叶绿素 a 浓度大数据分析预报模型，可以实现叶绿素 a 浓度的业务化监测，为科学研究和海洋资源管理提供支撑（Saulquin et al.，2013）。

考虑海表叶绿素 a 浓度的变化主要体现在时间尺度和空间尺度上，结合叶绿素 a 浓度周期性变动的特点，构建时空注意力模型（spatiotemporal attention module network，STAM-Net），用以进行叶绿素 a 浓度的预报。STAM-Net 模型使用时空注意力机制来学习叶绿素 a 浓度的时空特性，由于时空注意力模块是一个相对轻量级的模块，通过模块的堆叠实现对叶绿素 a 浓度历史特征的逐步抽象，以较小的时间代价实现对未来叶绿素 a 浓度的预报。

1. 时空注意力模块

时空注意力模块（spatiotemporal attention module，STAM）受 Kim 等（2018）在图像超分辨率重建上的工作启发，在 ResNet（He et al.，2016）基础上提出。对应到叶绿素 a 浓度预报问题上，模块结合了时间域上的注意力机制和空间域上的注意力机制，通过 sigmoid 函数缩放后对原输入特征序列进行加权，采用跳跃连接与原输入特征融合，增强了模块的稳健性，较好地解决了深度神经网络中随着网络层数的增加反而导致网络性能的退化问题。

令 F_{r-1} 和 F_r 分别代表第 r 个 STAM 模块的输入和其输出的特征图，模块结构可表示为

$$F_r = R_r(F_{r-1}) = F_{r-1} \oplus f^{STA}(P_{r-1}) \tag{7-1}$$

$$P_r = f_{trans}(F_r) \tag{7-2}$$

式中：$R_r(\cdot)$ 为第 r 个 STAM 块；$\oplus$ 为按元素相加；$f^{STA}(\cdot)$ 为时空注意力机制；$f_{trans}(\cdot)$ 为第 1 次卷积、ReLU 激活、空洞卷积等在注意力机制前的预处理操作；P_r 为预处理后的结果，$P_r \in \mathbf{R}^{H \times W \times T}$；空洞卷积的卷积核大小为 3×3，膨胀率为 2，使用空洞卷积能增大卷积操作的视觉感受野，通过 STAM 模块的堆叠可以提取原特征图的多尺度空间信息。

1）时间域上的注意力机制

类似于 LSTM 网络，时间域上的注意力（temporal attention，TA）机制关注的是输入

序列中哪些时刻所携带的信息对未来叶绿素 a 浓度的变化意义更大。为有效地计算时间域上的注意力图，需对输入序列在空间域上进行压缩。与传统时间域上的注意力机制不同，本小节采用的是全局方差池化方法而不是惯用的平均值池化或最大值池化方法来聚合空间信息。叶绿素 a 浓度特征序列中包含丰富的极值信息，而对应的叶绿素 a 浓度极值通常是某些物理海洋现象的重要表征之一。因此若简单地采用平均值池化或最大值池化的方法，这种空间上不同点的信息的差异性难以得到较好的体现。采用方差池化的方法对空间信息进行聚合后再计算时间域上的注意力图可以保留不同叶绿素 a 浓度分布的离散程度：

$$T_r = \text{VarPool}(P_r) \tag{7-3}$$

$$M_r^{\text{TA}} = \text{MLP}(T_r) = W_U(W_D(T_r)) \tag{7-4}$$

式中：P_r 为预处理后的结果；$\text{VarPool}(\cdot)$ 为全局方差池化；M_r^{TA} 为时间域上注意力图；MLP 为多层感知器；W_D、W_U 为全连接层；$T_r, P_r, M_r^{\text{TA}}, W_U \in \mathbf{R}^{1\times1\times T}$；$W_D \in \mathbf{R}^{1\times1\times T/\alpha}$。对预处理后的结果进行全局方差池化，通过压缩率 α 的全连接层进行时间域的下采样，使用 ReLU 函数激活后，通过释放率 α 的全连接层进行时间域的上采样，得到时间域上的特征图。

2）空间域上的注意力机制

从空间域上来看，叶绿素 a 浓度包含有丰富的空间信息，对于叶绿素 a 浓度特征序列来说，不同区域的叶绿素 a 浓度在图像上的纹理特征和分解后的模态成分是不同的。对于常见的物理海洋现象，如环流、涡旋、海洋锋等，都有其特定的空间分布特征及模态分布情况。因此空间域上的注意力（spatial attention，SA）机制采用深度可分离卷积对叶绿素 a 浓度特征序列进行模态分解，得到空间域上的注意力图：

$$M_r^{\text{SA}} = \text{Conv}_{DW}(P_r) \tag{7-5}$$

式中：M_r^{SA} 为空间域上的注意力图；$\text{Conv}_{DW}(\cdot)$ 为深度可分离卷积，窗口大小为 3×3；$M_r^{\text{SA}} \in \mathbf{R}^{H\times W\times T}$。对预处理后的结果进行深度可分离卷积，得到空间域上的特征图。

3. 时空注意力机制

将时间域上的注意力图与空间域上的注意力图融合后经过 sigmoid 函数缩放，就得到时空注意力（spatiotemporal attention，STA）特征图：

$$M_r^{\text{STA}} = f^{\text{STA}}(P_r) = \sigma(M_r^{\text{TA}} \oplus M_r^{\text{SA}}) \tag{7-6}$$

式中：M_r^{STA} 为时空注意力图；$\sigma(\cdot)$ 为 sigmoid 函数；$M_r^{\text{STA}} \in \mathbf{R}^{H\times W\times T}$。

将式（7-6）代入式（7-1），则第 r 个残差注意力模块输出的特征图 F_r 为

$$F_r = F_{r-1} \oplus \sigma(M_{r-1}^{\text{TA}} \oplus M_{r-1}^{\text{SA}}) \oplus P_{r-1} \tag{7-7}$$

式中：$\otimes$ 为按元素相乘。

2. 模型结构

时空注意力模型（STAM-Net）模型可分为两部分：①历史特征提取部分；②未来数据生成部分。对于当前时刻 τ，模型输入为过去连续 h 个时间步长（如小时、日等）的三维叶绿素 a 浓度序列：$X^H = X_{\tau-h+1}, X_{\tau-h+2}, \cdots, X_\tau$，输出为未来 f 个时间步长的叶绿素 a 浓度

序列 $\hat{X}^F = \hat{X}_{\tau+1}, \hat{X}_{\tau+2}, \cdots, \hat{X}_{\tau+f}$，$X^H$、$\hat{X}^F \in \mathbf{R}^{H \times W \times T}$，$\mathbf{R}^{H \times W \times T}$ 表示序列大小为 $H \times W \times T$，如图 7.2 所示，H、W、T 分别代表网格化区域叶绿素 a 浓度序列的长度、宽度和时间长度（$h=28, f=5$）。STAM-Net 模型结构如图 7.3 所示。

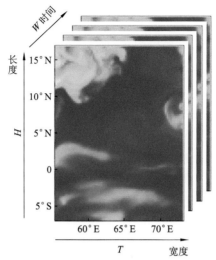

图 7.2　叶绿素 a 浓度序列

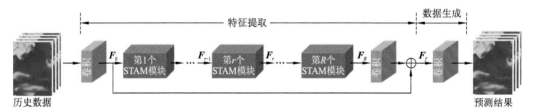

图 7.3　STAM-Net 模型结构

在历史特征提取部分中，模型首先通过一层卷积层提取历史叶绿素 a 浓度序列初始特征图，如式（7-8）所示：

$$F_0 = f_0(X^H) \qquad (7-8)$$

F_0 被送到 R 个堆叠的 STAM 模块进行时间域和空间域上的多尺度深层次特征抽象得到 F_R，F_R 与一层卷积层相连。模型使用全局跳跃连接，将更新后的特征添加到 F_0 中得到 F_f，使 F_f 中既携带历史叶绿素 a 浓度的初始特征又拥有通过时空注意力机制学习得到的多尺度深层次特征，如式（7-9）所示：

$$F_f = F_0 + f_f(R_R(R_{R-1}(\cdots R_1(F_0)\cdots))) \qquad (7-9)$$

式中：$f_f(\cdot)$ 为最后一次卷积操作；F_f 为结合时空注意力机制学习到的叶绿素 a 浓度特征。

数据生成部分为卷积层。由于叶绿素 a 浓度序列的保守性，历史的叶绿素 a 浓度特征与未来叶绿素 a 浓度特征相关性很高，通过卷积层将历史的叶绿素 a 浓度特征映射到待预报的叶绿素 a 浓度序列上，可实现海表叶绿素 a 浓度遥感大数据分析预报，如式（7-10）所示：

$$\hat{X}^F = f_{\text{form}}(F_f) \qquad (7-10)$$

式中：$f_{\text{form}}(\cdot)$ 为用于生成预报结果的卷积层。

3. 实验分析

哥白尼海洋环境监测服务（Copernicus Marine Environment Monitoring Service，CMEMS）中心开发的 Mercator 海洋生物地球化学全球分析预报模式以 0.25°分辨率输出全球每日全球海洋生物地球化学参数（叶绿素 a、硝酸盐、磷酸盐、硅酸盐、溶解氧、溶解铁、初级生产力、浮游植物、PH 和二氧化碳的表面分压）（von Schuckmann et al.，2018）。本小节使用该模式输出的 1993 年 1 月 1 日~2018 年 12 月 31 日的叶绿素 a 浓度，按前述方式构成训练集，经乱序排列后输入模型。将 2019 年 1 月 1 日~2019 年 12 月 31 日的叶绿素 a 浓度作为验证集，2020 年 1 月 1 日~2020 年 12 月 31 日的叶绿素 a 浓度作为测试集。

1）评价指标

由于不同区域的叶绿素 a 浓度相差很大，参考 CMEMS 质量控制文件，使用相对误差中值（median relative error，MRE）和取对数后的均方差根误差（root mean squared error，RMSE）评价预报精度：

$$MRE = median\left(\left(\frac{|\hat{X}_i - X_i|}{X_i}\right) \times 100\%\right) \quad (7\text{-}11)$$

$$RMSE = \sqrt{\frac{1}{N}\sum_{i=1}^{N}(\lg(\hat{X}_i) - \lg X_i)^2} \quad (7\text{-}12)$$

式中：$\hat{X}_i$ 和 X_i 分别为各点的预报结果和观测结果。

2）研究区域

选择北印度洋（55.25°E~73.25°E，7°S~17°N）作为主要的研究区域。该区域受印度季风和阿拉伯海季风影响很大，形成季节性反转的季风系统，影响海洋环流，包括季风驱动的近海浮升和东向西流，以及副热带风驱动的季节性西边界流等。北印度洋的叶绿素 a 浓度除存在明显的季节变化外（通常在夏季和秋季季风季节叶绿素 a 浓度较高，而在冬季和春季非季风季节较低），受季风、洋流涌升影响，短时内叶绿素 a 浓度也会发生明显变化。

3）预报结果

对叶绿素 a 浓度数据进行 z-scores 标准化处理后，送入模型进行训练。STAM-Net 模型中 STAM 模块数为 21，损失函数选择 L1 Loss。北印度洋数据集完成模型训练后，在测试集上与 ConvLSTM 基线模型对比，结果如表 7.2 和图 7.4 所示。

表 7.2　模型预报性能比较

模型	MRE/%	RMSE
ConvLSTM	13.36	0.0318
STAM-Net	**10.68**	**0.0310**

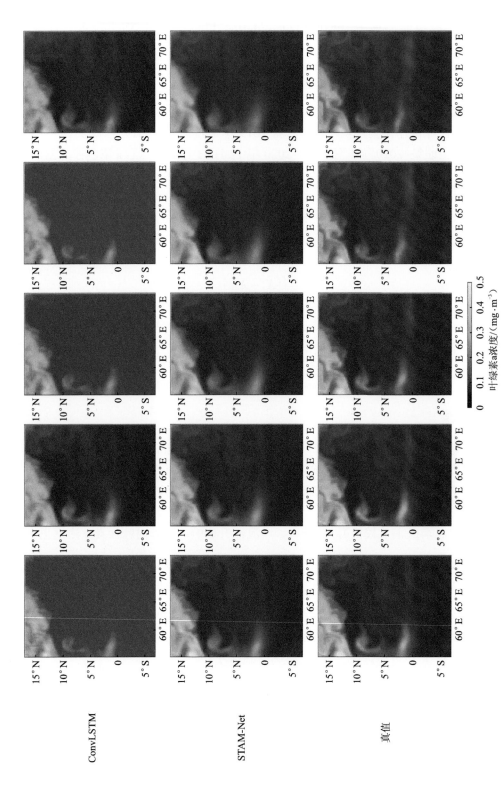

图 7.4 2020年1月20~25日连续5日预报结果比较

结果显示，两种模型都能在一定程度上预报未来叶绿素 a 浓度的发展变化过程。北印度洋叶绿素 a 浓度分布极不均匀，一般而言近岸海域由于更多的陆源输运、营养盐和光照条件，叶绿素 a 浓度相对较高；远洋海域受寡营养盐等条件限制，叶绿素 a 浓度相对较低。两种模型都较好地学习到了这种空间特异性。从 1 月 20~25 日的模式预报结果可见，由于赤道附近海洋生态系统十分活跃，激发的叶绿素 a 浓度高值区在缓慢西移的过程中逐渐消亡，时空注意力机制（SATM-Net 模型）较好地捕捉到了这一动态变化过程，而传统时空序列（ConvLSTM 模型）使用更为平滑的信号弱化了这一过程。因此在 MRE 和 RMSE 两个指标上 STAM-Net 模型均优于 ConvLSTM 模型。

为定量评价 STAM-Net 模型全年预报性能，开展 2020 年全年的预报实验，对比模式真值不同预报时长的绝对误差如图 7.5 所示。结果表明：模型整体性能稳定，第 5 天的平均绝对误差约为 0.02 mg·m^{-3}；夏秋两季叶绿素 a 浓度高值季节预报误差相对较高，春冬两季误差较小，特别是春季预报结果与模式吻合度很高。

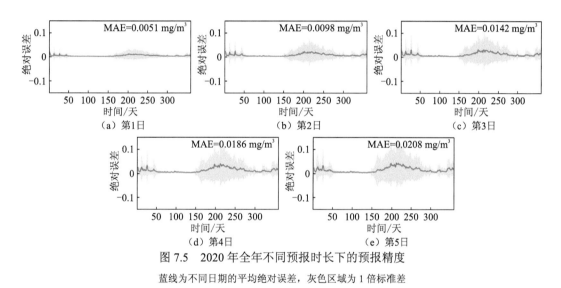

图 7.5　2020 年全年不同预报时长下的预报精度

蓝线为不同日期的平均绝对误差，灰色区域为 1 倍标准差

7.2.2　基于多要素关联的海表温度遥感大数据分析预报

针对现有海表温度大数据预报方法中存在的海表温度时空特性不明确、模型大尺度训练昂贵、要素间关联关系考虑不足等问题，本小节在对海表温度的影响因素进行详细分析的基础上，使用多海洋环境变量开展海表温度大数据分析预报。

采用 2010~2015 年的遥感/再分析日数据，以南海（0°~25°N，105°E~125°E）为主要研究区域，除海表温度外，选择海面气温（AT）、海面气压（SLP）、海表流速（SSC）、海面高度异常（SLA）、总云量（Cloud）、太阳辐射（Radiation）、降水量（Precinitation）、露点温度（DT）、海表盐度（SSS）、海面风速（SSW）、北极海冰面积（Ice）共 11 种海洋环境要素数据，分析海表温度与海洋环境要素之间的关联关系。

1. 海表温度与海洋环境要素相关分析

使用上述数据，运用统计平均方法（除北极海冰面积外）计算得到海表温度和海洋环境要素时间变化曲线，使用 90 天滑动平均移除日数据波动，如图 7.6 和表 7.3 所示。

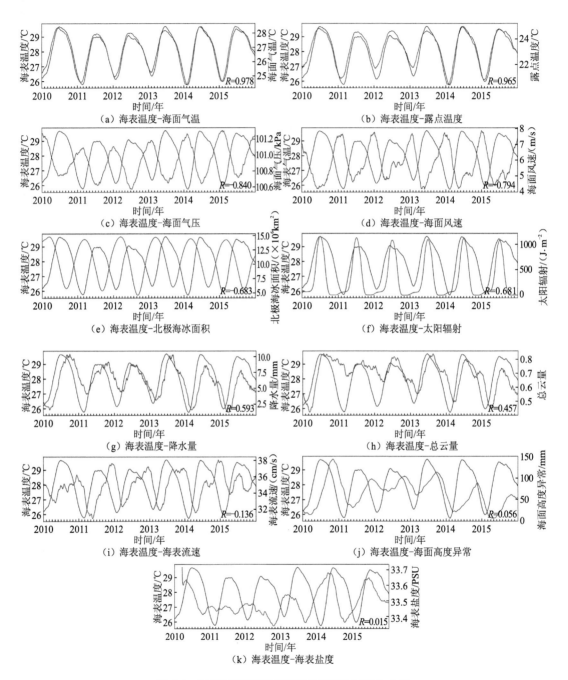

图 7.6　海表温度和海洋环境要素随时间变化曲线

表 7.3　海表温度与不同海洋环境要素间的相关系数

海洋环境要素	相关系数
海面气温	0.978
露点温度	0.965
海面气压	−0.840
海面风速	−0.794
北极海冰面积	−0.683
太阳辐射	0.681
降水量	0.593
总云量	0.457
海表流速	−0.136
海面高度异常	0.056
海表盐度	0.015

图 7.6 和表 7.3 表明，海表温度与海面气温、露点温度和海面气压存在高度的线性相关性，较高的海表温度会使海面气温升高，海面气温的改变也会影响海表温度的变化，露点温度和海面气温具有高度相关性，海面气压、海面风速、北极海冰面积与海表温度表现为显著的负相关。

注意到，降水量、总云量等要素与海表温度存在一定的相位差，即此类要素与海表温度的变化并不是同步的，因此有必要对海表温度与海洋环境要素之间进行滞后相关分析。海表温度与海洋环境要素的滞后相关函数如下：

$$R(L) = \begin{cases} \dfrac{\sum\limits_{k=0}^{N-L-1}(X_{k+L}-\bar{X})(Y_k-\bar{Y})}{\sqrt{\sum\limits_{k=0}^{N-1}(X_k-\bar{X})^2\sum\limits_{k=0}^{N-1}(Y_k-\bar{Y})^2}}, & l<0 \\[3ex] \dfrac{\sum\limits_{k=0}^{N-L-1}(X_k-\bar{X})(Y_{k+L}-\bar{Y})}{\sqrt{\sum\limits_{k=0}^{N-1}(X_k-\bar{X})^2\sum\limits_{k=0}^{N-1}(Y_k-\bar{Y})^2}}, & l>0 \end{cases} \tag{7-13}$$

式中：Y 为海表温度序列；X 为其他海洋环境要素。$l<0$ 时表示 X 滞后于海表温度的变化，$l>0$ 则表示 X 超前于海表温度的变化。海表温度与海洋环境要素间的滞后相关曲线如图 7.7 所示，滞后相关系数和超前（滞后）时间见表 7.4。

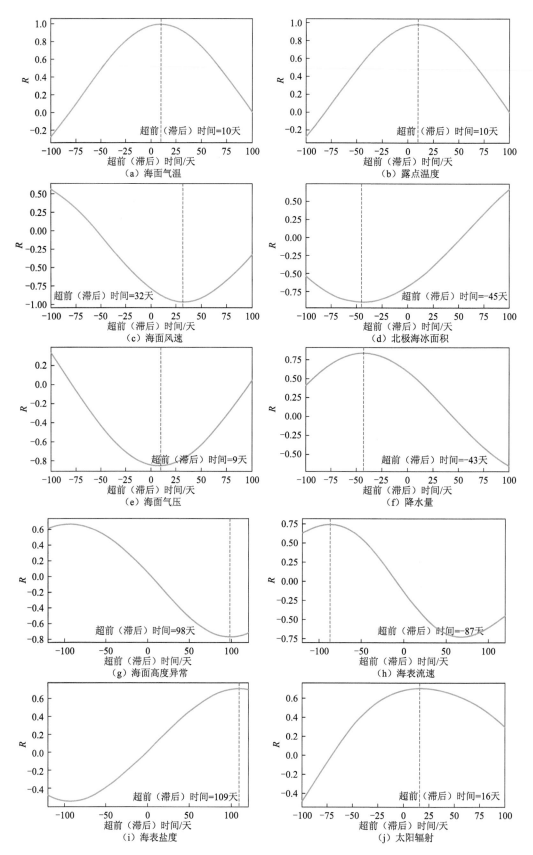

（a）海面气温　　　　　　　　　（b）露点温度

（c）海面风速　　　　　　　　　（d）北极海冰面积

（e）海面气压　　　　　　　　　（f）降水量

（g）海面高度异常　　　　　　　（h）海表流速

（i）海表盐度　　　　　　　　　（j）太阳辐射

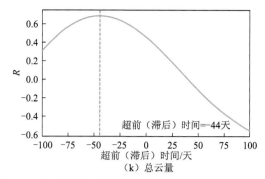

图 7.7　海表温度与海表环境要素之间的滞后相关曲线

表 7.4　海表温度与海洋环境要素间的滞后相关系数及滞后时间

海洋环境要素	相关系数	滞后相关系数	超前（滞后）时间/天
海面气温	0.978	0.993	10
露点温度	0.965	0.980	10
海面风速	−0.794	−0.968	32
北极海冰面积	−0.683	−0.898	−45
海面气压	−0.840	−0.851	9
降水量	0.593	0.836	−43
海面高度异常	0.056	−0.766	98
海表流速	−0.136	0.743	−87
海表盐度	0.015	0.710	109
太阳辐射	0.681	0.700	16
总云量	0.457	0.688	−44

由图 7.7、表 7.4 可知，各海洋环境要素与海表温度间都存在着不同程度的超前（滞后）关系，其中海面气温、露点温度、海面风速、海面气压、海面高度异常、海表盐度和太阳辐射超前于海表温度的变化，可理解为这类要素的变化会引致海表温度的改变；而北极海冰面积、降水量、海表流速、总云量滞后于海表温度的变化，说明这类要素为响应海表温度的变化而改变。

海表温度与海面气温互相影响和响应，表现为最高的相关系数。露点温度与海面气温高度线性相关，但其携带有湿度信息，总体上与海面气温同相位变化。海面风速与海表温度为高度的负相关关系（Tu et al.，2016），超前于海面温度约 1 个月的变化，高风速会带走海洋表面的热量，导致海表温度的降低。同时，高海况条件下往往伴随着大量降水，也会导致降温。海温的升高会直接导致北极海冰的融化，但武丰民（2015）的研究指出，这种调控作用存在延迟放热机制。一般而言，北极海冰面积最小值出现在 9 月，最大值出现在 3 月，滞后海表温度约 1~2 月。气压是天气系统的重要表征，受高压主控，天气晴朗，相应的海表温度较高；而强对流天气则为低压，高风速和大量降水使海表降温，因此表现为明显的负相关关系。海表温度与降水量的关系表现为显著的正相关，可以解释为：海表温度的升高加快了海水的蒸发，通过水循环转变为降水，因此通常夏季降水较为充沛，冬季降水较少。而太阳辐射越强、总云量越少蒸发作用越为显著，这直接导致海面高度的降低和海表盐度的升高。露点温度的升高也会加速对流作用，因此两者也表现为正相关关系。

结合海表温度与海洋环境要素相关分析的结果，可认为海面气温、露点温度、海面风速、北极海冰面积、海面气压和降水量与海表温度存在高度的线性相关。

2. 基于信息流的海表温度与海洋环境要素因果分析

相关分析是对称的，不存在方向性，而长时间序列海洋观测数据具有明显的年变化周期，仅通过滞后相关分析确定两个序列之间的因果关系并不是完全可靠的。在线性系统中，有因果必有相关，但有相关不必有因果（Liang，2014）。本小节采用基于信息流的因果分析方法，以严格且定量的方式分析海表温度与海洋环境要素的因果关系。

信息流具有严格的物理含义和计算方式，可被视为一种恰当的因果关系测定方法。两序列间的信息交换量除表明因果关系大小外，还指明了信息的传递方向。本小节参考Liang-Kleeman 信息流理论（Liang et al.，2005），对海表温度与海洋环境要素的因果关系进行分析。Liang-Kleeman 信息因果定理表述如下。

如果序列 X_1 的发展演变独立于序列 X_2，那么 X_2 到 X_1 的信息流为 0。

若将海表温度与海洋环境要素时间序列分别记为 X_1、X_2，序列 X_2 到 X_1 的信息流的最大似然估计为

$$T_{2\to1} = \frac{C_{11}C_{12}C_{2,d1} - C_{12}^2 C_{1,d1}}{C_{11}^2 C_{22} - C_{11}C_{12}^2} \tag{7-14}$$

式中：C_{ij} 为 X_i 与 X_j 的协方差；$C_{i,dj}$ 为 X_i 与 X_j 经前差构成新序列的协方差。若 $T_{2\to1} \neq 0$ 认为 X_1、X_2 间存在因果关系；当 $T_{2\to1} > 0$ 时，表明 X_2 使 X_1 的熵增加，导致 X_1 波动较大，可预报性降低；当 $T_{2\to1} < 0$ 时，表明 X_2 使 X_1 的熵减小，导致 X_1 趋于平稳，可预报性增强。

为定量刻画海洋环境要素对海表温度的影响程度，仅考虑 $T_{x\to SST}$ 的值，并认为当 $|T_{x\to SST}| > 0.3$ 时，海洋环境要素对海表温度存在显著影响。11 种海洋环境要素到海表温度的信息流如图 7.8 所示。

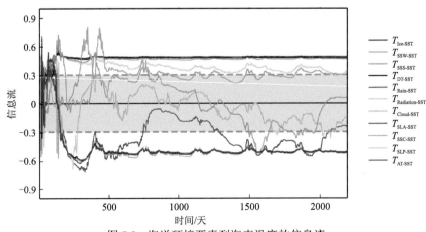

图 7.8　海洋环境要素到海表温度的信息流

如图 7.8 所示，除海表盐度、海表流速和海面高度异常外，其他海洋环境要素到海表温度的信息流的绝对值均大于 0.3，其中海面气温、露点温度、海面气压、海表流速、海面风速的信息流大于 0.3，表明此类要素使海表温度的熵增加，导致海表温度波动变大，降低了可预报性。而总云量、降水量和北极海冰面积的信息流小于-0.3，表明此类要素使海表温度的熵减小，导致海表温度的变化趋于平稳，增强了可预报性。

结合基于信息流的海表温度与海洋环境要素因果分析结果，可认为海面气温、露点温度、海面气压、海表流速、海面风速、总云量、降水量、北极海冰面积与海表温度之间存在强因果联系。

3. 基于平行坐标的海表温度与海洋环境要素聚类分析

平行坐标是多维数据可视化的重要方法，通过建立维度和坐标轴的映射，可将多维数据空间用等距离的平行轴投影到二维平面上（Inselberg，2002），能有效地挖掘数据中隐含的关联关系。散点图矩阵（Ahlberg et al.，2003）能将多个维度的属性值成对排列，直观地发掘各要素在不同时间点的分布（贺琪 等，2019b）。本小节结合这两种数据可视化方案的优势，对于海表温度和海洋环境要素数据，以平行坐标中数据线的角度、面积及散点图矩阵中要素的欧氏距离为差异度量方式，基于要素差异值构建相似性矩阵，采用多维标度法得到海表温度与海洋环境要素数据在低维空间中的表达，最后使用 k-means 算法对降维后的结果进行聚类分析，从视觉差异的角度得到与海表温度关联性较强的海洋环境要素。

对 2010～2015 年遥感/再分析数据按日取平均，得到年内变化曲线，按月平均后得到 6 年的各月的要素平均值，据此进行聚类分析。使用平行坐标展示月平均数据，如图 7.9 所示。属性编号 0～11 分别表示海表温度、海面气温、海面气压、海表流速、海面高度异常、总云量、太阳辐射、降水概率、露点温度、海表盐度、海面风速和北极海冰面积，每条连续的折线表示要素的月变化情况。由于各要素度量单位不同，对各要素进行归一化处理，并以海表温度为基准，对海洋环境要素的超前（滞后）时间和正负相关关系对输入数据进行修正。

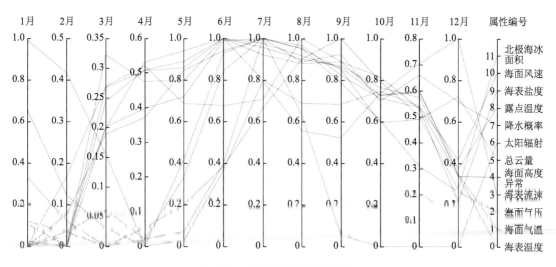

图 7.9　平行坐标展示的数据

图 7.9 反映了数据间的关联关系和要素在不同时间节点的变化趋势，如海表温度、海面气温、露点温度的属性线分布紧密，反映要素间具有较好的一致性关系。为更好地刻画多维数据各个属性的分布情况，采用散点图矩阵进行更为直观的展示，如图 7.10 所示，其中第 2 行第 1 列表示在 1 月和 2 月过渡期各要素的情况。相似性矩阵计算方式如下。

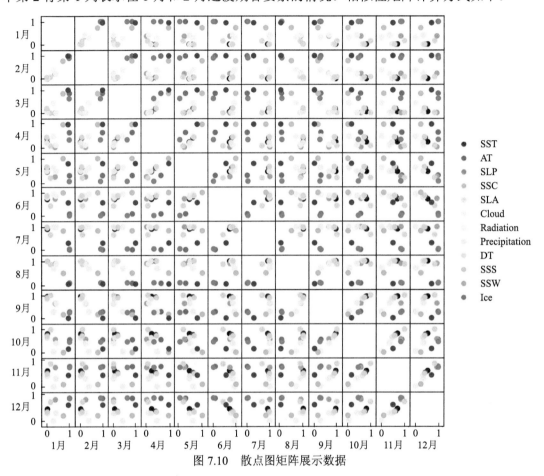

图 7.10　散点图矩阵展示数据

（1）计算角度差异。角度是指平行坐标中相邻轴两条数据线的夹角。经正负相关关系修正后，角度越大，表示两要素间的相关性越弱；夹角越小，表示两要素间的相关性越强。角度差异可按式（7-15）计算：

$$\cos\theta = \frac{|k_a k_b + 1|}{\sqrt{k_a^2 + 1} \cdot \sqrt{k_b^2 + 1}} \qquad (7-15)$$

式中：$\cos\theta$ 为平行坐标两相邻轴间数据线夹角的余弦值；k_a、k_b 分别为数据线 a、b 的斜率。

（2）计算面积差异。面积指相邻平行坐标轴间两两数据线构成的四边形（三角形）面积。一般地：所围成的面积越大，要素间相关性越弱；面积越小，要素间相关越强。

（3）计算距离差异。散点图矩阵中要素投影点间的欧氏距离是要素间相关性之一。欧氏距离越大，相关性越弱；欧氏距离越小，相关性越强。

（4）根据角度差异、面积差异和距离差异，由式（7-16）和式（7-17）得到海洋环境要素间的相似性矩阵：

$$\boldsymbol{\Delta} = \begin{bmatrix} \delta_{11} & \delta_{12} & \cdots & \delta_{1j} \\ \delta_{21} & \delta_{22} & \cdots & \delta_{2j} \\ \vdots & \vdots & & \vdots \\ \delta_{i1} & \delta_{i2} & \cdots & \delta_{ij} \end{bmatrix} \tag{7-16}$$

$$\delta_{ij} = \frac{1}{N} \sum_{n=0}^{N-1} (\mathrm{norm}\,(\theta_{ij}) + \mathrm{norm}\,(\sigma_{ij}) + \mathrm{norm}\,(\mu_{ij})) \tag{7-17}$$

式中：δ_{ij} 为节点 i, j 的差异；$\mathrm{norm}\,(\theta_{ij})$，$\mathrm{norm}\,(\sigma_{ij})$，$\mathrm{norm}\,(\mu_{ij})$ 分别为角度、面积、距离差异归一化值。

由平行坐标要素间的角度差异、面积差异和距离差异构造得到相似性矩阵，如表 7.5 所示。相似性矩阵全面地给出了要素间的相互关系。相对数值越大，要素间相关性越弱；相对数值越小，要素间相关性越强。

表 7.5　相似性矩阵

海洋环境要素	海表温度	海面气温	海面气压	海表流速	海面高度异常	总云量	降水量	降雨量	露点温度	海表盐度	海面风速	北极海冰面积
海表温度	0	0.937	1.092	1.162	1.010	1.058	1.552	1.007	0.952	1.001	0.978	1.225
海面气温	0.937	0	1.088	1.156	1.002	1.074	1.550	1.013	0.937	1.065	0.988	1.219
海面气压	1.092	1.088	0	1.230	1.009	1.144	1.386	1.044	1.079	1.126	1.118	1.054
海表流速	1.162	1.156	1.230	0	1.182	1.245	1.582	1.211	1.155	1.040	1.159	1.325
海面高度异常	1.010	1.002	1.009	1.182	0	1.114	1.472	1.020	0.994	1.071	1.056	1.138
总云量	1.058	1.074	1.144	1.245	1.114	0	1.506	1.037	1.073	1.191	1.022	1.246
降水量	1.552	1.550	1.386	1.582	1.472	1.506	0	1.475	1.542	1.521	1.542	1.261
降雨量	1.007	1.013	1.044	1.211	1.020	1.037	1.475	0	1.017	1.128	1.013	1.166
露点温度	0.952	0.937	1.079	1.155	0.994	1.073	1.542	1.017	0	1.062	0.987	1.210
海表盐度	1.001	1.065	1.126	1.040	1.071	1.191	1.521	1.128	1.062	0	1.107	1.222
海面风速	0.978	0.988	1.118	1.159	1.056	1.022	1.542	1.013	0.987	1.107	0	1.249
北极海冰面积	1.225	1.219	1.054	1.325	1.138	1.246	1.261	1.166	1.210	1.222	1.249	0

为使要素间的相互关系更为直观，采用多维标度（multiple dimensional scaling，MDS）算法（贺琪 等，2019b）对相似性矩阵进行降维。MDS 算法要求原始空间样本间的距离在低维空间得以保持，从而获得样本间相似性的低维空间表达。MDS 算法流程如下。

（1）计算样本在原始空间的距离矩阵 **R**。MDS 算法的目标是获得样本在低维空间 D′ 的表示，要求样本在 D′ 空间的欧氏距离等于原始空间 D 中的距离。欧氏距离由式（7-18）计算：

$$r(X,Y) = \sqrt{\sum_{i=1}^{m} (x_i - y_i)^2} \tag{7-18}$$

式中：第 i 行第 j 列的元素 r_{ij} 为样本 x_i 到 y_i 的距离。

（2）计算降维后样本的内积矩阵 $\boldsymbol{B}$。任意两个样本在 D′ 维空间中的欧氏距离等于原始空间中的距离，即 $\|z_i - z_j\| = r_{ij}$。设 $\boldsymbol{Z}$ 为样本在 D′ 维空间的投影矩阵，可由降维前后距离矩阵 $\boldsymbol{R}$ 的不变性求取内积矩阵 $\boldsymbol{B}$：

$$r_{ij}^2 = \|z_i\|^2 + \|z_j\|^2 - 2z_i^2 z_j = b_{ii} + b_{jj} - 2b_{ij} \tag{7-19}$$

$$b_{ij} = -\frac{1}{2}(r_{ij}^2 - r_{i*}^2 - r_{*j}^2 + r_{**}^2) \tag{7-20}$$

（3）对矩阵 $\boldsymbol{B}$ 进行特征值分解，求取特征值，得到降维后的矩阵 $\boldsymbol{Z}$：

$$\boldsymbol{B} = \boldsymbol{V}\boldsymbol{\varLambda}\boldsymbol{V}^{\mathrm{T}} \tag{7-21}$$

式中：$\boldsymbol{V}$ 为特征向量矩阵，$\boldsymbol{\varLambda}$ 为特征值构成的对角阵。

假设由 n 个非零特征值构成对角阵 $\boldsymbol{\varLambda_*}$，令 $\boldsymbol{V^*}$ 为相应的特征向量矩阵，有

$$\boldsymbol{Z} = \boldsymbol{\varLambda_*}^{\frac{1}{2}}\boldsymbol{V^{*\mathrm{T}}} \tag{7-22}$$

取 n' 个最大特征值构成对角阵 $\boldsymbol{\varLambda_{**}}$，令 $\boldsymbol{V^{**}}$ 为相应的特征向量，则可得到原样本在低维空间的投影矩阵 $\boldsymbol{Z}$：

$$\boldsymbol{Z} = \boldsymbol{\varLambda_{**}}^{\frac{1}{2}}\boldsymbol{V^{**\mathrm{T}}} \tag{7-23}$$

对相似性矩阵采用 MDS 算法降维并使用 k-means 算法对 MDS 降维投影的结果进行聚类分析。k-means 算法以欧氏距离作为衡量数据间相似性的标准，具体流程如下：①随机选取 k 个中心点；②遍历所有数据，将每个数据划分到最近的中心点；③计算每个类别的平均值，作为新的中心点；④重复 1～3，直至 k 个中心点的位置不发生变化，则得到聚类结果。

k-means 聚类分析结果如图 7.11 所示。

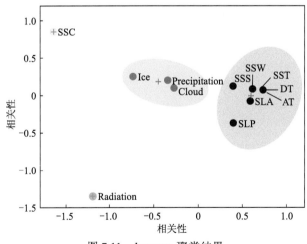

图 7.11　k-means 聚类结果

图 7.12 明确给出了 12 种海洋环境要素的聚类结果。从图中可以看到，各海洋环境要素大致聚为 4 类：海表温度、海面气温、露点温度、海面风速、海表盐度、海面高度异常、海面气压被聚为一类，反映以上 7 种要素间具有较强的关联关系；降水量、总云量和北极

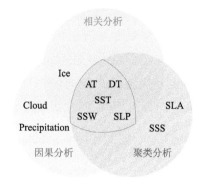

图 7.12　海表温度与海洋环境要素关联分析结果

海冰面积被聚类一类，表明这 3 种要素间相关性较强；海表流速和太阳辐射分别单独成类，表明这两种要素和其他要素间的相关性相对较弱。

综上，本小节利用超前（滞后）相关分析、基于信息流的因果分析、基于平行坐标的聚类分析三类方法，从不同的维度对海表温度和海洋环境要素间的关联关系进行挖掘。海表温度和海面气温、露点温度、海面风速、海面气压这 4 类要素之间在各方法中均表现出强关联关系。特别地，海面气温、露点温度、海面风速和海面气压分别超前于海表温度 10 天、10 天、32 天和 9 天变化，因此本章下一小节拟采用海表温度和以上 4 类海洋环境要素，并结合海表温度与要素间的超前（滞后）关系，构建多要素海表温度预报模型。

4. 结合关联关系的海表温度多要素预报网络模型

结合与海表温度具有强关联关系的 4 种要素：海面气温、露点温度、海面风速（实际输入模型为 U、V 两个分量，故下文表述为海面风场）和海面气压，考虑要素与海表温度的超前（滞后）关系，本小节研究构建海表温度多要素预报网络（multi-elements forecast network，MENet）模型。

1）轴向注意力模块

轴向注意力（axial attention）由 Ho 等（2019）提出，目前已成功应用到天气预报（Sønderby et al.，2020）、全景图像分割（Wang et al.，2020）等领域。轴向注意力是一种自注意力（self attention）机制（Vaswani et al.，2017），在计算机视觉领域通常作为附加组件应用于视觉模型，以提升 CNN 的输出（Huang et al.，2019；Wang et al.，2018）。

传统的自注意力机制可以理解为，对于给定具有高度 H、宽度 W 和 d_{in} 维通道的特征图 $\boldsymbol{X} \in \mathbf{R}^{H \times W \times d_{in}}$，位置 $o = (i, j)$，$y_o \in \mathbf{R}^{d_{out}}$ 的输出是通过对网格 N 中所有点的汇总来计算：

$$y_o = \sum_{p \in N} \text{softmax}\,(q_o^{\mathrm{T}} k_p) v_p \tag{7-24}$$

式中，查询（query）$q_o = W_Q x_o$；键（key）$k_o = W_K x_o$；值（value）$v_o = W_V x_o$ 是输入 x，$\forall o \in N$ 的线性投影。其中，$W_Q, W_K \in \mathbf{R}^{d_q \times d_{in}}$，$W_V \in \mathbf{R}^{d_{out} \times d_{in}}$ 为可学习矩阵，将 softmax 函数应用到所有可能的点 p 位置。

自注意力机制基于亲和度 $x_o^T W_Q^T W_K x_p$ 能全局地汇总 v_p 值，使之能捕捉特征图的全局信息。但当输出特征图过大时，其计算复杂度为 $O(H^2W^2)$，是十分昂贵的，这限制了自注意力在大尺度 CNN 中的应用。此外，自注意力无法保留全局的位置信息，具体到海表温度预报问题，自注意力无法较好地利用海表温度的空间特异性。

Ramachandran 等（2019）通过向自注意力中引入局部约束（减小计算）和位置编码（利用位置信息）来缓解以上两个问题。对于位置 o，提取 $m \times m$ 邻域作为输出 y_o 的存储库，可以将计算复杂度降低至 $O(HWm^2)$，从而允许将自注意力模块部署为独立层，形成全注意力的神经网络。此外，将学习到的相对位置编码项合并到亲和度中，从而在 $m \times m$ 邻域中产生动态的先验位置：

$$y_o = \sum_{p \in N_{m \times m}(o)} \text{softmax}\,(q_o^T k_p + q_o^T \boldsymbol{r}_{p-o})v_p \tag{7-25}$$

式中：$N_{m \times m}(o)$ 为位置 $o = (i, j)$ 为中心的 $m \times m$ 邻域；可学习向量 $\boldsymbol{r}_{p-o} \in \mathbf{R}^{d_q}$ 为引入的相对位置编码；$q_o^T \boldsymbol{r}_{p-o}$ 为位置 $p = (a,b)$ 到 o 的依存度。

事实上，d_q 和 d_{out} 远小于 d_{in}，因此可将式（7-25）的单头（single-head）注意力扩展到多头（multi-head）注意力，以更好地捕捉亲和度。一般地，多头注意力通过对 x_o 并行地计算 T 个单头注意力得到（通过不同的 $W_Q^t, W_K^t, W_V^t, \forall t \in \{1, 2, \cdots, T\}$ 作为第 t 个头），通过合并每个头的结果得到最终输出 z_o，即

$$z_o = \text{concat}\,(y_o) \tag{7-26}$$

式中：位置编码通常通过注意力头间共享。

注意到上述位置偏差仅由查询像素 x_o 计算得到，而事实上键像素 x_p 也包含有位置信息，因此除了依赖查询的位置偏差项 $q_o^T \boldsymbol{r}_{p-o}^q$，Wang 等（2020）还向式（7-25）中添加了依赖于键的偏差项 $k_p^T \boldsymbol{r}_{p-o}^k$。同样的，式（7-25）中值 v_p 不包含任何的位置信息，而在大感受野中，y_o 将无法较好地保留 v_p 的确切位置。为缓解式（7-25）中使用较大的 $m \times m$ 感受野和保留精确的空间结构之间的矛盾，Wang 等（2020）提出位置敏感的自注意力可表示为

$$y_o = \sum_{p \in N_{m \times m}(o)} \text{softmax}\,(q_o^T k_p + q_o^T \boldsymbol{r}_{p-o}^q + k_p^T \boldsymbol{r}_{p-o}^k)(v_p + \boldsymbol{r}_{p-o}^v) \tag{7-27}$$

式中：可学习向量 $\boldsymbol{r}_{p-o}^k \in \mathbf{R}^{d_q}$ 和 $\boldsymbol{r}_{p-o}^v \in \mathbf{R}^{d_{\text{out}}}$ 分别为键和值的位置编码。由于位置编码通过注意力头间共享，位置敏感的自注意力能在合理的计算开销内捕捉长距离的相关关系。

借鉴 Ramachandran 等（2019）的方式，将一维位置敏感的自注意力部署为独立层，形成全注意力神经网络，称为轴向注意力模块（axial attention module，AAM）。

轴向注意力模块包括横向注意力层和纵向注意力层，从两个正交方向聚合时空信息。式（7-28）和图 7.13 给出了横向注意力层结构，纵向注意力层结构与其类似。

$$y_o = \sum_{p \in N_{1 \times m}(o)} \text{softmax}\,(q_o^T k_p + q_o^T \boldsymbol{r}_{p-o}^q + k_p^T \boldsymbol{r}_{p-o}^k)(v_p + \boldsymbol{r}_{p-o}^v) \tag{7-28}$$

单一的轴向注意力层沿单一轴方向传递信息，因此分别从横向轴和纵向轴上连续使用轴向注意力层即可捕捉全局信息。轴向注意力模块如图 7.14 所示，由于轴向注意力层的复杂度降低到 $O(HWm)$，横向注意力层和纵向注意力层均采用多头注意力结构。

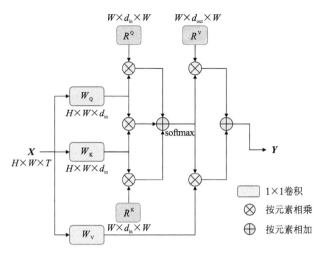

图 7.13　横向注意力层结构

R^{Q}, R^{V}, R^{K} 对应矩阵化的 r^{q}, r^{v}, r^{k}

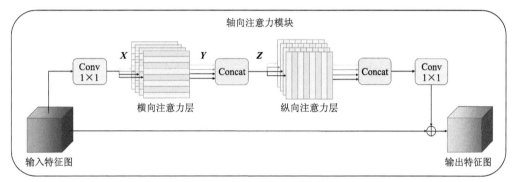

图 7.14　轴向注意力模块结构

　　如图 7.14 所示，输入特征图使用 1×1 的卷积后输入横向注意力层中，横向注意力层有 T 个注意力头。对于时空序列数据，该操作相当于在时域上做最大似然估计，因此能保留原有的时域信息。横向注意力层的结果经拼接后输入纵向注意力层，纵向注意力层的输出经拼接和卷积后使用跳跃连接（He et al., 2016）与输入特征图融合，得到轴向注意力模块的输出特征图。

2）模型结构

　　结合关联关系多要素海表温度预报（MENet）模型结构如图 7.15 所示。MENet 模型可分为要素融合、时空编码、信息聚合三部分。

　　由于海面气温、露点温度、海面风场、海面气压与海表温度并不是同步变化关系，在模型输入中考虑了海洋环境要素的超前（滞后）关系（图 7.16），其中，海面气温、露点温度、海面风速和海面气压分别超前于海表温度 10 天、10 天、32 天和 9 天变化。在实际预报过程中，输入未来的观测结果是无意义的，因此实际应用到模型中的超前要素由历史同期的拟合值得到。考虑海面气温、露点温度和海表温度之间相关性极强，MENet 模型中将三种温度联合使用经验正交函数分解，提取温度的主模态，与海面风场和海面气压拼接融合后共同作为输入，以减少输入的冗余信息。

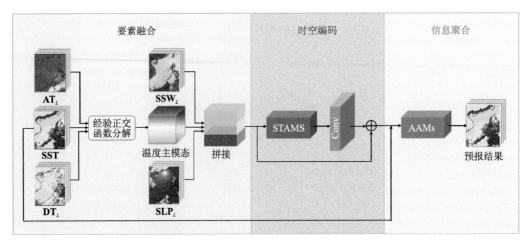

图 7.15　多要素关联的 MENet 模型结构

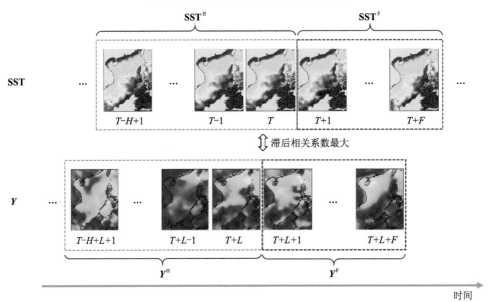

图 7.16　MENet 模型中海洋环境要素输入方式

Y 为海洋环境要素；T 为当前时刻；L 为海洋环境要素超前（滞后）于海表温度变化的时间；SST^H 和 Y^H 分别为
海表温度和海洋环境要素历史观测序列；SST^F 和 Y^F 分别为海表温度和海洋环境要素未来时空序列

时空编码部分，对融合得到的要素序列使用时空注意力模块（STAM）进行编码，以提取要素序列的时空多尺度特征。

信息聚合部分，使用跳跃连接将编码后的时空多尺度特征信息与初始海表温度序列进行拼接，使用堆叠的轴向注意力模块（AAM）聚合多维时空信息，建立输入要素场和未来海表温度序列场的映射关系，得到未来海表温度的预报结果。信息聚合部分使用 4 块 AAM 来聚合序列信息。

3）实验分析

使用 2010 年 1 月 1 日～2017 年 12 月 31 日的 OISST 和对应的要素构成训练集，经乱序排列后输入模型。验证集由 2018 年 1 月 1 日～12 月 31 日的 OISST 和对应要素组成。

（1）评价指标。一般地，采用某日的平均绝对误差（MAE）和某日绝对误差的标准差（STD，以衡量误差的波动情况）来评价预报结果。短期的海表温度预报对于辅助人类决策更为重要，为了从整体上评价模型的预报结果，采用权重化的 MAE（WMAE）和权重化的 STD（WSTD）进行评价，WMAE 和 WSTD 定义如下：

$$\text{WMAE} = \frac{2}{L(L+1)} \sum_{i=1}^{L} \text{MAE}_i \cdot (L-i+1) \quad (7\text{-}29)$$

$$\text{WSTD} = \frac{2}{L(L+1)} \sum_{i=1}^{L} \text{STD}_i \cdot (L-i+1) \quad (7\text{-}30)$$

式中：MAE_i 和 STD_i 分别为第 i 日的 MAE 和 STD。

海表温度是海洋环流、涡旋、海洋锋结构等研究中一种直观的指示量（万修全 等，2002），因此模型是否能反映环流、涡旋等随时间的演变情况也是考查模型预报性能的重要方面。考虑海洋动力过程尺度往往不尽相同，采用多尺度结构相似性（multiscale structural similarity，MS-SSIM）（Wang et al.，2003）来刻画海表温度的结构相似程度，MS-SSIM 取值为[0, 1]，当预报结果与观测结果完全相同时，MS-SSIM＝1。此外，海表温度序列是典型的时空序列数据，采用时间序列差分的方法，将预报海表温度差分序列与观测海表温度差分序列进行比较，定义时间序列差分指数（time series difference index，TSDI）以考量模型在时间尺度上的模拟能力：

$$\text{TSDI} = \frac{1}{H \times W} \sum |\Delta \hat{X}_i - \Delta X_i| \quad (7\text{-}31)$$

$$\Delta \hat{X}_i = \hat{X}_{i+1} - \hat{X}_i \quad (7\text{-}32)$$

$$\Delta X_i = X_{i+1} - X_i \quad (7\text{-}33)$$

式中：$\hat{X}_i$ 和 X_i 分别为第 i 日的预报结果和观测结果；$\Delta \hat{X}_i$ 和 ΔX_i 分别为观测差分序列和预报差分序列。TSDI 越小，表示预报结果与观测结果的变化情况越相符。

（2）要素融合方式。海面气温（AT）、露点温度（DT）、海面风场（SSW）、海面气压（SLP）与海表温度具有强关联关系，因此基于一定的先验知识构建 MENet 模型结构。为验证模型结构的合理性，设计不同的要素融合方式，采用相同的时空编码和信息聚合方法在测试集上对其进行评价，要素融合方式和结果如表 7.6 所示。

表 7.6　不同要素融合方式对模型性能的影响

要素融合方式	WMAE/℃	WSTD/℃	MS-SSIM	TSDI/℃
① SST+SLP	0.2849	0.2603	0.9448	0.1814
② SST+SSW	0.3043	0.2843	0.9430	0.1829
③ SST+AT+DT	0.2792	0.2587	0.9479	0.1818
④ SST+SLP+SSW	0.2952	0.2696	0.9460	0.1805
⑤ SST+AT+DT+SSW	0.3030	0.2824	0.9402	0.1820
⑥ SST+AT+DT+SLP	0.2922	0.2665	0.9475	0.1812
⑦ SST+AT+DT+SLP+SSW	0.3030	0.2759	0.9420	0.1813
⑧ EOF(SST, AT, DT)+SLP+SSW	**0.2785**	**0.2562**	**0.9487**	0.1813

分析表 7.6 可知，多要素预报方法确实能减小未来预报结果的歧义性，提高模型的预报精度，具体地：通过①、②和⑤、⑥间的对比可知，相较于海面风场，加入海面气压能更有效地提高预报精度；③的结果表明，海面气温、露点温度与海表温度具有强关联性，且超前于海表温度的变化，因此对这两类要素的观测能预测未来一段时间内的海表温度变化情况；⑦、⑧的结果表明，对三类温度使用联合经验正交函数分解，提取温度主模态后再与其他要素融合，以进行时空编码，能更为有效地减少冗余信息的干扰，提高模型对"过去-未来"映射建模的能力。

（3）模型比较。通过南海数据集的训练，在测试集上与以下几种模型比较预报结果。

FC-LSTM 模型（Srivastava et al.，2015）由两层 LSTM 层和全连接层组成，隐含神经元数目为 100。

ConvLSTM 模型（Xiao et al.，2019b）在 LSTM 的基础上增加卷积操作以捕捉空间特征，并使用卷积计算替代状态与状态之间的切换，可以表达出数据间的时空相关性。

CA+ConvLSTM 模型（贺琪 等，2019a）通过卷积层学习海表温度序列的初始特征后，使用时间域上的注意力机制进行加权，输入 ConvLSTM 网络中得到预报结果。

STAM-Net 模型（叶枫，2021）使用时空注意力模块来学习海表温度的时空特性，建立海表温度历史特征与未来海表温度的映射，通过模块的堆叠实现对海表温度历史特征的逐步抽象，实现对未来海表温度的预报。

实验训练过程中，除 FC-LSTM 模型外，对原始数据进行过插值处理，与 OISST 进行比较，结果如表 7.7 所示。

表 7.7 不同模型的预报性能比较

模型	WMAE/℃	WSTD/℃	MS-SSIM	TSDI/℃
FC-LSTM	0.3016	0.2875	0.9385	0.1842
ConvLSTM	0.4566	0.3736	0.9237	0.2505
CA+ConvLSTM	0.3591	0.3450	0.9312	0.2194
STAM-Net	0.2915	0.2762	0.9428	0.1953
MENet	**0.2785**	**0.2562**	**0.9487**	**0.1812**

由表 7.7 可知，MENet 模型在所提出的 4 类评价指标上均表现最优。考虑其他海洋环境要素的影响后，模型的 WMAE、WSTD 和 TSDI 较仅将海表温度作为输入变量、性能最优的单要素 STAM-Net 模型分别提高了 4.5%、7.2% 和 7.2%，较同类海表温度深度学习预报模型提高明显。

为反映不同模型预报海表温度的空间分布情况，图 7.17 给出了 2018 年 3 月 27～31 日 5 种模型的预报结果。结果显示，MENet 模型不仅较好地保留了 STAM-Net 模型对苏禄海东南部冷涡消亡过程的预报能力，而且刻画出了南海中部温度锋面的演变过程。OISST 观测到 30～31 日湄公河口附近 27℃ 等温线向南延伸到 7°N 附近，而南海中部则呈现一个缓慢增温的过程。STAM-Net 模型过快地估计了这一过程，使 30～31 日的 27℃ 等温线向北偏移了约 2°。考虑其他海洋环境要素的影响后，MENet 模型的预报结果修正了这一现象，并在一定程度上改进了随着预报时间增长模型预报结果趋于模糊的现象。

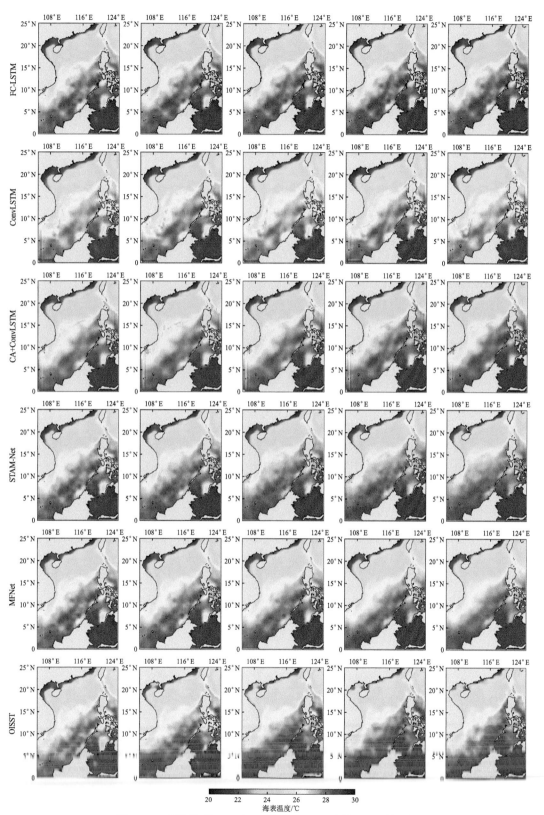

图 7.17　不同模型 2018 年 3 月 27～31 日连续 5 日预报结果

7.2.3 基于随机动态分析的海面高度遥感大数据分析模型

受气候、人为、其他干扰因素的影响，海面高度可表现出一定的趋势性、周期性和随机性，将这类时间序列称为平稳性随机时间序列。对这类时间序列进行分析主要是将它们分解为趋势、季节、周期、随机 4 种波动来进行动态近似分析。对海面高度的时间序列分解可得

$$SSH(t) = T(t) + P(t) + R(t) \tag{7-34}$$

式中：$T(t)$ 为趋势项；$P(t)$ 为周期项，包含月、季节、年、年际等变化特征和规律；$R(t)$ 为剩余随机项。趋势项通过一元线性回归分析计算获得；周期项分析则是对去趋势后的时间序列进行傅里叶谱分析和谐波分析，从而获得海表温度、海面高度的周期变化特征；残差项通过 ARMA 模型获得。

具体地，运用一元线性回归方法对原始的海面高数据进行回归分析，获取回归系数 b_0 和 b_1，从而建立趋势项：

$$T(t) = b_0 + b_1 t \tag{7-35}$$

将趋势项从原始数据中去除，得到周期项和残差项 SSH_$\mathrm{d}t(t)$。通过傅里叶谱分析计算每个像元点的主要周期，使用谐波分析法，构建周期项模型：

$$P(t) = \overline{SSH\_\mathrm{d}t(t)} + \sum_{k=1}^{K}\left[C_k \cos\left(\frac{2\pi}{T}t - \phi_k\right)\right] \tag{7-36}$$

对残差项数据进行经验正交函数分解，提取主要模态及对应的时间序列，使用 ARMA 模型对时间序列进行预测，接着进行逆经验正交函数变换，从而实现对残差项的预测：

$$R(t) = \mu + A_1 R_{t-1} + A_2 R_{t-2} + \cdots + A_P R_{P-2} - M_1 \varepsilon_{t-1} - M_{t-2}\varepsilon_{t-2} - \cdots - M_q \varepsilon_{q-1} \tag{7-37}$$

1. 趋势项分析预测

从图 7.18 可以看出，全球海面高度在近 23 年内大部分区域呈现上升趋势，而部分区域呈现下降趋势，上升趋势明显的区域主要集中在太平洋西部海域，尤其在赤道附近，而太平洋东部海域则相反。使用一元线性回归方法对海面高度进行趋势分析，得到趋势项的对应参数，并实现对趋势项的预测，其预测结果如图 7.19 所示。

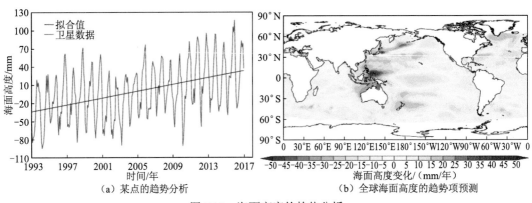

（a）某点的趋势分析　　　　　　　　（b）全球海面高度的趋势项预测

图 7.18　海面高度的趋势分析

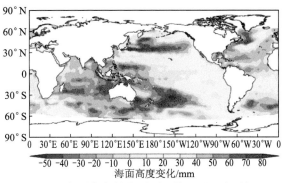

图 7.19　海面高度趋势项预测值（后一个时间）

2. 周期项分析预测

图 7.20 是对去趋势项后的数据进行周期项分析和预测的结果，运用谐波分析法，很好地拟合了海面高度的周期。海面高度变化呈现明显的周期变化，经统计，海面高度的主要周期为 12 个月、6 个月、48 个月、128 个月，某些地方会出现 3~4 个月的周期变化。

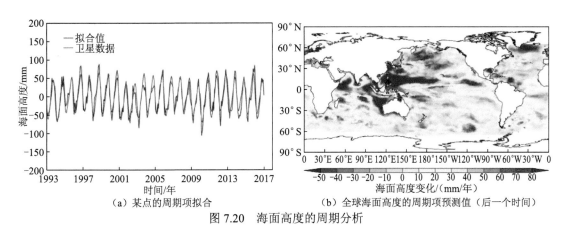

（a）某点的周期项拟合　　　　　　（b）全球海面高度的周期项预测值（后一个时间）

图 7.20　海面高度的周期分析

3. 残差项分析和预测

残差项主要是通过对海面高度残差数据进行经验正交函数分解，得到主要的模态及其对应的时间系数，通过 ARMA 模型对时间系数进行外推预测，从而实现对全球海面高度进行预测。图 7.21 为全球第一模态空间分布及对应的时间系数，图 7.22 为全球海面高度的残差项预测值。可以看出，残差项的贡献主要是对海面高度细节的展示，决定海面高度预报的精度。

将三项预测值模型进行叠加后，得到最终的海面高度预测模型，对后一时间进行预测，结果如图 7.23 所示。结果表明，该模型在海面高度的整体预测趋势上与真实值相近，而且细节的刻画上存在一些偏差。根据比较分析，最重要的在于残差项的 PC 系数预测上，若能够提高预测精度，整体的海面高度预测精度会进一步提高。

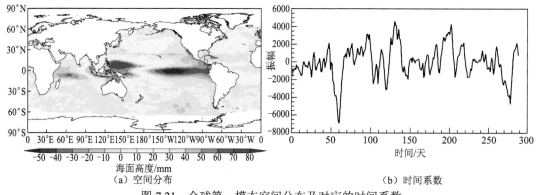

(a) 空间分布　　　　　　　　　　　　　　(b) 时间系数

图 7.21　全球第一模态空间分布及对应的时间系数

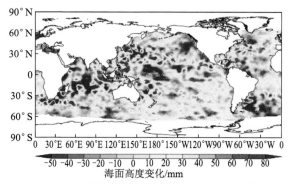

图 7.22　海面高度残差项预测（后一个时间）

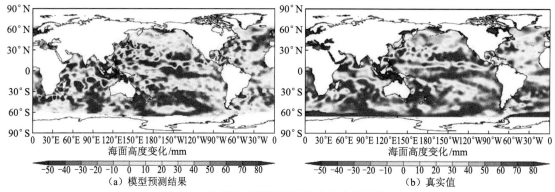

(a) 模型预测结果　　　　　　　　　　　　(b) 真实值

图 7.23　海面高度预测结果与真实值的比较

参 考 文 献

贺琪, 查铖, 宋巍, 等, 2019a. 一种结合注意力机制的区域型海表面温度预测方法. CN110197307B, 2023-07-25.

贺琪, 武欣怡, 黄冬梅, 等, 2019b. 多视图协同的海洋多要素环境数据关联关系分析方法. 海洋通报, 38(5): 533-542.

万修全, 高郭平, 吴德星, 2002. 渤海、黄海、东海 AVHRR 海表温度场的季节变化特征. 海洋学报, 24(5): 125-133.

武丰民, 2015. 北极海冰消融对秋冬季欧亚大陆气温的影响及其可能机理. 南京: 南京信息工程大学.

叶枫, 2021. 基于深度学习的南海海表温度预报研究. 杭州: 自然资源部第二海洋研究所.

应晨璐, 董庆, 薛存金, 等, 2014. 大区域海洋遥感数据处理方法. 海洋科学, 38(8): 116-125.

Ahlberg C, Shneiderman B, 1994. Visual information seeking: Tight coupling of dynamic query filters with starfield displays//SIGCHI Conference on Human Factors in Computing Systems, 1: 313-317.

Dosovitskiy A, Beyer L, Kolesnikov A, et al., 2020. An image is worth 16×16 words: Transformers for image recognition at scale. http: //arXiv. org/abs/2010.11929. [2021-08-14].

Garcia-Gorriz E, Garcia-Sanchez J, 2007. Prediction of sea surface temperatures in the western Mediterranean Sea by neural networks using satellite observations. Geophysical Research Letters, 34(11): 1-6.

Ham Y G, Kim J H, Luo J J, 2019. Deep learning for multi-year ENSO forecasts. Nature, 573(7775): 568-572.

He K, Zhang X, Ren S, et al., 2016. Deep residual learning for image recognition//IEEE Conference on Computer Vision and Pattern Recognition, 1: 770-778.

He Q, Zha C, Song W, et al., 2020. Improved particle swarm optimization for sea surface temperature prediction. Energies, 13(6): 1369.

Ho J, Kalchbrenner N, Weissenborn D, et al., 2019. Axial attention in multidimensional transformers. http: //arXiv. org/abs/1912.12180. [2022-04-11].

Hochreiter S, Schmidhuber J, 1997. Long short-term memory. Neural Computation, 9(8): 1735-1780.

Huang Z, Wang X, Huang L, et al., 2019. Ccnet: Criss-cross attention for semantic segmentation//IEEE/CVF International Conference on Computer Vision, 1: 603-612.

Inselberg A, 2002. Visualization and data mining for high-dimensional datasets. Chemometrics and Intelligent Laboratory Systems, 60(1-2): 147-159.

Jahanbakht M, Xiang W, Azghadi M R, 2021. Sea surface temperature forecasting with ensemble of stacked deep neural networks. IEEE Geoscience and Remote Sensing Letters, 19: 1-5.

Lee Z P, Carder K L, Arnone R A, 2002. Deriving inherent optical properties from water color: A multiband quasi-analytical algorithm for optically deep waters. Applied Optics, 41(27): 5755-5772.

Li W, Guan L, Qu L, 2019. Prediction of sea surface temperature in the South China Sea by artificial neural networks. IEEE Geoscience and Remote Sensing Letters, 17(4): 558-562.

Liang X, Kleeman R, 2005. Information transfer between dynamical system components. Physical Review Letters, 95(24): 244101.

Liang X, 2014. Unraveling the cause-effect relation between time series. Physical Review, 90(5): 052150.

Lins I D, Araujo M, Das Chagas Moura M, et al., 2013. Prediction of sea surface temperature in the tropical Atlantic by support vector machines. Computational Statistics & Data Analysis, 61: 187-198.

Liu J, Zhang T, Han G, et al., 2018. TD-LSTM: Temporal dependence-based LSTM networks for marine temperature prediction. Sensors, 18(11): 3797.

Nawi W, Lola M S, Zakariya R, et al., 2021. Improved of forecasting sea surface temperature based on hybrid ARIMA and support vector machines models. Malaysian Journal of Fundamental and Applied Sciences, 17(5): 609-620.

Neetu, Sharma R, Basu S, et al., 2011. Data-adaptive prediction of sea-surface temperature in the Arabian Sea. IEEE Geoscience and Remote Sensing Letters, 8(1): 9-13.

Ramachandran P, Parmar N, Vaswani A, et al., 2019. Stand-alone self-attention in vision models. http: //arXiv. org/abs/1906.05909. [2022-11-23].

Sá C, D'Alimonte D, Brito A C, et al., 2015. Validation of standard and alternative satellite ocean-color chlorophyll products off Western Iberia. Remote Sensing of Environment, 168: 403-419.

Sathyendranath S, Brewin R J W, Brockmann C, et al., 2019. An ocean-colour time series for use in climate studies: The experience of the ocean-colour climate change initiative (OC-CCI). Sensors, 19(19): 4285.

Saulquin B, Hamdi A, Gohin F, et al., 2013. Estimation of the diffuse attenuation coefficient KdPAR using MERIS and application to seabed habitat mapping. Remote Sensing of Environment, 128: 224-233.

Shi X, Chen Z, Wang H, et al., 2015. Convolutional LSTM network: A machine learning approach for precipitation nowcasting. http: //arXiv. org/abs/1506.04214. [2023-06-09].

Sønderby C K, Espeholt L, Heek J, et al., 2020. MetNet: A neural weather model for precipitation forecasting. http: //arXiv. org/abs/2003.12140. [2023-02-18].

Srivastava N, Mansimov E, Salakhudinov R, 2015. Unsupervised learning of video representations using lstms//International Conference on Machine Learning PMLR: 843-852.

Su H, Li W, Yan X H, 2018. Retrieving temperature anomaly in the global subsurface and deeper ocean from satellite observations. Journal of Geophysical Research: Oceans, 123(1): 399-410.

Tangang F, Hsieh W, Tang B, 1997. Forecasting the equatorial Pacific Sea surface temperatures by neural network models. Climate Dynamics, 13: 135-147.

Tripathi K, Rai S, Pandey A, et al., 2008. Southern Indian Ocean SST indices as early predictors of Indian summer monsoon. Indian Journal of Geo-Marine Sciences, 37(1): 70-76.

Tu Q, Pan D, Hao Z, et al., 2016. SST diurnal warming in the China seas and northwestern Pacific Ocean using MTSAT satellite observations. Acta Oceanologica Sinica, 35(12): 12-18.

Vaswani A, Shazeer N, Parmar N, et al., 2017. Attention is all you need. Advances in Neural Information Processing Systems, 30: 5998-6008.

von Schuckmann K, Le Traon P Y, Smith N, et al., 2018. Copernicus marine service ocean state report. Journal of Operational Oceanography, 11(sup1): 1-142.

Wang H, Zhu Y, Green B, et al., 2020. Axial-deeplab: Stand-alone axial-attention for panoptic segmentation//European Conference on Computer Vision. Cham: Springer International Publishing: 108-126.

Wang Y, Gao Z, Long M, et al., 2018. Predrnn++: Towards a resolution of the deep-in-time dilemma in spatiotemporal predictive learning//International Conference on Machine Learning, PMLR: 5123-5132.

Wang Z, Simoncelli E, Bovik A, 2003. Multiscale structural similarity for image quality assessment//The 37th Asilomar Conference on Signals, Systems & Computers, Pacific Grove, USA, 2: 1398-1402.

Wolff S, O'donncha F, Chen B, 2020. Statistical and machine learning ensemble modelling to forecast sea surface temperature. Journal of Marine Systems, 208: 103347.

Wu A, Hsieh W, Tang B, 2006. Neural network forecasts of the tropical Pacific Sea surface temperatures. Neural Networks, 19(2), 145-154.

Xiao C, Chen N, Hu C, et al., 2019a. A spatiotemporal deep learning model for sea surface temperature field prediction using time-series satellite data. Environmental Modelling & Software, 120: 104502.

Xiao C, Chen N, Hu C, et al., 2019b. Short and mid-term sea surface temperature prediction using time-series satellite data and LSTM-AdaBoost combination approach. Remote Sensing of Environment, 233: 111358.

Yang Y, Dong J, Sun X, et al., 2018. A CFCC-LSTM model for sea surface temperature prediction. IEEE Geoscience and Remote Sensing Letters, 15(2): 207-211.

Zhang Q, Wang H, Dong J, et al., 2017. Prediction of sea surface temperature using long short-term memory. IEEE Geoscience and Remote Sensing Letters, 14(10): 1745-1749.

Zhao Z, Zhou J, Du H, 2022. Artificial intelligence powered forecast of oceanic mesoscale phenomena: A typhoon cold wake case occurring in Northwest Pacific Ocean. Future Generation Computer Systems, 129: 389-398.

Zheng G, Li X, Zhang R H, et al., 2020. Purely satellite data-driven deep learning forecast of complicated tropical instability waves. Science Advances, 6(29): 1482.

第8章 海洋遥感大数据技术发展与展望

8.1 海洋遥感大数据管理技术展望

海洋观测技术与装备的发展，使获取的海洋遥感数据呈爆炸式增长，这既带来了海洋科学研究的机遇，也对数据的有效管理提出了挑战。为实现海洋遥感大数据的高效利用，数据管理技术亟待进一步发展。一方面，需要开发海洋遥感多源异构数据的关联存储技术，构建统一的数据模型，实现数据之间的关系链接；另一方面，还需加强海洋遥感大数据的安全管理，解决数据安全访问控制、权限管理等问题。此外，发展海洋遥感大数据的跟踪应用技术，实现从采集、预处理到分析应用的全流程跟踪，对提高海洋信息服务质量具有重要意义（曹丽娜，2019；Jagadish et al.，2014；胡伟忠，2009）。

8.1.1 海洋遥感大数据的关联存储技术

海洋遥感大数据的高效存储及多源异构数据的关联分析，需要使用全新的存储技术手段。

（1）构建统一数据模型。为支持不同类型数据的集成，需要定义统一的抽象数据模型，包括实体定义、属性描述、关系链接（Lee et al.，2013）等，建立概念层面的关联表达，还需要数据更新实现对各类数据的转换和映射。

（2）使用分布式云存储。采用如 Hadoop 分布式文件系统（Hadoop distributed file system，HDFS）（Dittrich et al.，2012）等分布式文件系统，可提供 PB 级存储能力。结合对象存储、块存储、NoSQL 数据库等，实现多类型数据的存储。使用云计算平台进行资源管理，实现存储和计算资源的弹性分配（Gudivada et al.，2015）。

（3）应用内存存储数据库。将数据库数据缓存在内存中，减少磁盘输入输出，大幅提高读写效率（Prabhu et al.，2015），或使用基于随机存储器和固态硬盘的混合存储模式，既保证性能，又提供大容量。

（4）采用列式数据库。列式数据库仅加载查询所需列，可减少读取开销，利用列式压缩提高存储效率，易于水平扩展，支持大数据存储。

（5）实现与计算框架的融合。使存储系统原生支持分布式计算模型，如 MapReduce/Spark 等，避免数据复制移动。计算框架直接操作存储层数据，显著提升分析速度。

（6）构建元数据管理系统。解析和记录数据特征的元信息，支持数据发现、定位和管理，是实现多源遥感数据集成的基础。

（7）重视安全管理。在海洋遥感大数据全流程中开展访问控制、数据加密、数据追踪审计等安全管理机制。

8.1.2 海洋遥感大数据的安全管理技术

海洋遥感大数据应用的快速发展使其安全面临更大挑战。要保证大数据平台的可靠运行，需要从各个环节落实安全技术措施。

1. 数据采集传输安全

对海洋遥感平台的传感器和通信设备进行严格的安全访问控制，是确保数据采集安全的基础（Chang，2003）。需要使用各类加密技术和安全证书建立传感器的可信链接，防止非法接入与控制（Yang et al.，2018）。采集到的海洋观测数据在互联网传播时也需要进行加密和数字签名，防止被中间设备窃取或篡改。加密传输手段方面，可采用虚拟专用网络（virtual private network，VPN）技术，在公网上构建加密隧道，安全传输海洋数据。另外还可以使用安全套接层（secure socket layer，SSL）/传输层安全（transport layer security，TLS）等技术对数据进行加密，保护数据的机密性和完整性。

2. 数据存储安全

海洋遥感大数据存储安全机制的关键在于建立完善的访问控制体系。需要对不同级别的用户进行身份识别，建立访问权限控制矩阵，按照最小权限原则授予访问数据的权限（Yue et al.，2017）。对于一些敏感的海洋观测数据还需要加入数据加密手段，采用密钥管理系统控制访问（Pavithra et al.，2019）。此外，多种冗余备份和容灾技术也应运用于海洋数据存储保护中，实现主备存储节点的冗余设置、异地备份等功能，提高存储系统的可靠性和可用性。

3. 数据处理安全

海洋遥感大数据处理中，需要对数据处理服务器和节点进行严格的网络隔离，避免外部非授权访问（Sergio et al.，2018）。处理任务过程中，应该采用沙箱机制在隔离环境下运行，严格限制任务对系统资源和数据的访问权限（Matturdi et al.，2014）。对处理的中间数据和输出结果也应该进行加密或脱敏，避免涉密信息被泄露。另外，应建立严密的审计机制对数据处理行为进行跟踪记录，发现异常情况，及时预警和响应。

4. 系统与网络安全

保障底层系统和网络安全是海洋遥感大数据安全的基石。需要对操作系统、数据库、网络设备进行持续监控，发现软硬件漏洞及时修复。重要系统还应进行定期的渗透测试，评估系统安全防护水平。此外，应加强对网络环境的监测，部署防火墙、入侵检测等网络防护设备，筑建多级网络边界防线。建立完善的网络安全应急预案，在发生网络攻击时能够快速响应和处置。

8.1.3 海洋遥感大数据的跟踪应用技术

1. 数据采集跟踪

在传感器中内置数据采集日志模块，详细记录数据获取的全过程，包括传感器开启时间、参数配置、原始数据格式等信息。采集日志以标准格式组织，并实时同步备份到存储中心，以确保日志数据的完整性。这些日志数据可用于追溯验证海洋观测数据的来源，对研究结果的可重复性与可靠性至关重要。

2. 数据融合处理跟踪

在海洋多源异构数据融合处理平台中预先植入数据处理任务，执行审计程序，实时监控各个数据处理环节的运行情况，如数据提取、格式转换、质量控制、融合算法等，形成完整的数据处理任务运行日志。日志记录的数据处理参数及中间结果，可用于追溯校验结果的生成过程，进而分析结果偏差的潜在原因，保证结果的可解释性。

3. 结果可视化跟踪

针对海洋遥感大数据分析结果的交互式可视化模块，应开发用户操作行为日志系统，详细记录用户的可视化过程，包括页面访问情况、交互操作行为、生成图片与视频等信息。这些信息可用于分析不同用户的可视化浏览偏好，辅助优化可视化系统的功能设计，提高用户体验。可视化结果的操作记录也有助于追溯分析的过程，保证结果的一致性。

4. 数据查询访问跟踪

在提供海洋遥感大数据的平台中，统一记录各类用户的登录信息、查询关键词、访问数据种类与数量等日志，形成用户数据使用行为日志。这些日志可用于深入分析不同用户对海洋数据的使用情况、访问热点等，有助于数据中心更好地规划数据产品设计，满足用户需求，也可发现异常访问行为，保障数据安全。

5. 数据安全事件跟踪

建立海洋遥感大数据服务平台的安全事件监测机制，实时跟踪访问流量、异常查询等信息，一旦发现潜在的非法访问行为、数据泄露风险等安全事件，可立即自动触发详细跟踪，进行安全审计，追查事件的根源，减小数据泄露的影响。这需要日志系统与安全监测系统的无缝融合。

6. 人工智能模型跟踪

针对基于海洋大数据训练的人工智能模型，在模型的开发、训练、测试、部署等全生命周期过程中，保存完备的模型运行元数据，如代码版本、数据样本、超参数配置、性能指标等信息。这些元数据可用于模型训练过程的回溯审计，理解模型行为，提高结果可解释性。

8.2　海洋遥感大数据应用技术前景

8.2.1　海洋遥感大数据对海洋环境安全的保障

1. 海洋灾害监测预警

使用多源卫星遥感图像持续高频次监测关键海域，一旦检测到海啸、台风等海洋灾害的先兆，可以迅速对可能受灾区域发出预警，保障沿海居民的生命财产安全（McCarthy et al.，2017）。同时结合数值气象、海洋和水文联合模型的模拟结果，以及地面气象站、浮标等多源异构观测数据的验证，高精度预测灾害发展路径、影响范围和灾害参数，为灾害防御系统的部署提供科学依据。

2. 海洋污染监测

基于不同类型卫星对海面及大气成分高光谱精细探测的优势，可以持续监测海域的油类污染蔓延情况、溢油或排污事件等（Liu et al.，2017），及时找到隐蔽的污染源头。光学、红外、合成孔径雷达等不同卫星数据可以相互验证，提高监测精度和空间覆盖面。结合海洋漂流模型模拟污染物运动与扩散，对污染范围进行预测。污染监测结果可为后续的生态修复治理、污染责任追溯提供关键技术支撑。

3. 海域非法活动监控

基于高时间分辨率的光学和雷达卫星图像对海域热点区域进行持续监测，一旦发现非法填海造陆、滥捕等破坏海洋生态环境的活动，可以及时向海事管理部门报警，减少生态环境相关损失。结合新兴的船舶运动行为分析和预警技术，可实现对可疑非法活动的智能监测和风险评估。

4. 气候变化研究

卫星可以持续高精度观测全球海平面（Etkins et al.，1982）、海温、海冰范围等关键参数的变化，可以准确检测气候变化和全球变暖对全球海洋的影响，为未来的区域和全球气候变化预测建模提供海洋环境要素的重要依据。组合使用多种不同类型的卫星传感器可以实现海洋环境要素的交叉验证，进一步确保参数检测的长期稳定性。

5. 船舶精准监管

通过卫星等系统接收并解析船舶广播的自动识别系统（automatic identification system，AIS）信号，可以掌握大量船舶的实时精确位置、航向、航速等运动参数和身份信息，大幅提高海上监管的效率，确保船舶严格按照规定的航线航行，确保合理的航速，避免发生碰撞事故（Yan et al.，2020）。大数据分析与人工智能技术可实现海量船舶的高频次精准监管，有力遏制各类非法活动。

6. 人工智能辅助决策

运用深度学习、图神经网络等前沿人工智能算法，辅助建立智能的海洋安全监测预警系统，实现对海洋目标的自动检测识别、异常情况预警、潜在风险智能评估等功能（Zhang et al.，2021）。人机混合智能的协同决策方式，可有效提高决策效率，克服传统人工分析的局限，提供智能化的海洋监测与管理。

7. 海上军事活动监测

使用高时空分辨率的光学和雷达图像，以及各类信号情报，可持续监视重要海域，掌握海军重要力量的部署态势、演习活动等动态信息。一旦监测到敏感海域的可疑军事活动迹象，可以及时向相关方发出预警，以防止局势失控、对抗升级。大数据分析与人工智能技术的应用可以实现对军用目标的自动识别和行为分析（Arrigo et al.，2021）。

8.2.2　海洋遥感大数据对海洋经济发展的推动

1. 推动渔业和海产品的可持续发展

海洋遥感大数据可以持续监测鱼类等海产资源的分布变化情况，评估不同海域的资源储量状况，为制定合理的渔业捕捞配额提供科学依据，实现渔业资源的可持续利用。同时，卫星数据还可以观测到水体温度、海冰覆盖、浮游植物等参数，帮助确定渔场的高密度分布区域，使渔船可以更准确、更高效地捕捞目标鱼种。大数据技术还可用于分析历史渔获数据，挖掘不同海域的渔业规律，优化航行路线。

2. 提高海洋能源的开发效率

海洋遥感大数据能够有效探测海底地形、地质构造等信息，用于确定潜在的油气资源富集区域，大幅度减少繁复昂贵的海上地质勘探工作量，降低开发风险和成本。卫星数据还可用于选择最佳的风能（Zheng et al.，2016）、潮汐能开发场址，综合评估风力、波浪等资源分布和运输建设条件，提升海洋可再生能源的开发效率。

3. 促进和保障海洋旅游业

海洋遥感云服务可以提供游船、游艇等海上观光活动所需的精细化气象预报信息，包括风力、浪高、能见度等参数的变化预测，使旅游和休闲活动更加安全（Sunarta et al.，2022）。同时，长期积累的卫星数据可用于生成和更新海岸旅游地图产品，并监测珊瑚礁等海洋生态系统的健康状况，用于保护生态环境，推动旅游业可持续发展。

4. 优化海洋交通运输效率与安全

借助卫星通信和定位技术，可以实现对大量船舶的精确定位和监控，根据海况选择最优航线，减少航行里程和燃料消耗。交通管理部门也可利用卫星海洋环境数据，提前预警潜在的风暴、浪涌等风险，保障船舶安全（Rong et al.，2019）。这些信息还可传递给船舶，帮助船长规避风险，提高航运系统效率。

5. 支持港口和海岸线的智能化管理

卫星遥感可持续监测港区浅海地形变化，及时发现浅滩区或航道淤积情况，保障大型船舶的安全进出。卫星监测到的海岸线侵蚀情况也可为海岸带建设提供相关依据。港口可利用卫星通信系统获取船舶运输信息，提前准备装卸作业，实现智能化管理。遥感影像还可用于监测海岸带土地非法利用情况（Klemas，2011）。

8.2.3 海洋遥感大数据对生态文明建设的管控

1. 海洋环境监测

使用多源卫星和空天组网进行大范围、全时态的海洋环境监测，实现对海水质量、海面溢油、赤潮频发等情况的动态监控。不同传感器可交叉验证，提高监测精度。构建海洋水体时空变化模型，融合卫星遥感数据，可以量化评估陆源污染物的时空分布和演变规律，为污染治理提供依据。卫星遥感可大幅加密观测网布局，获得海洋环境信息的高分辨率映射，弥补传统监测网络分布稀疏的局限，是海洋环境监测的重要手段。

2. 海岸带利用监管

使用高时间、空间分辨率的卫星图像，持续监测重要海岸带地区土地利用类型和覆盖度的变化情况，可以量化评估滩涂开发、养殖池建设等行为对红树林湿地、珊瑚礁等重要生态系统的破坏程度，并与法定生态红线比较，若发现超限利用情况，可为相应的管制措施提供依据。长时间序列遥感数据可评估海岸带保护修复工程的生态效益。

3. 海洋保护区规划

综合分析卫星探测所得海洋环境要素的分布格局，可识别出生物多样性聚集区、物种繁殖栖息地等生态敏感、需优先保护的海域。以此为依据，可规划设计出生态代表性强、空间布局合理的海洋自然保护区体系，形成完整的海洋栖息地保护网络，为珍稀海洋生物提供未受破坏的自然生存环境。

4. 海洋资源管理

利用卫星遥感与虚拟现实技术，建立海洋资源密度分布动态监测与三维可视化系统，对渔业、能源等资源的时空分布与演变规律进行跟踪。根据资源环境承载能力科学评估结果，制定资源开发强度合理规划方案，实现经济发展与环境保护的协调统一，实现资源的高效利用与生态的可持续保障。

5. 气候变化影响评估

使用不同传感器获取的长时间序列海洋遥感大数据，可评估气候变暖背景下的海水温度上升、极端天气事件增多等变化对珊瑚礁、大型藻类等脆弱海洋生态系统的影响。根据预测性生态模型的模拟结果，可以评估未来气候变化情景下海洋生态系统的响应和适应策略，为制定切实可行的保护对策提供科学支撑。

6. 生物多样性保护

综合分析各类卫星数据，可准确识别出海洋生物多样性热点区域，如多个保护物种的聚集洄游区域，并不断更新，跟踪保护对象的时空分布变化。这些极具代表性的海域应划为优先保护区，实施严格的开发利用管制措施，避免造成生态破坏，并建立定期监测机制，跟踪保护效果。

7. 政策支持系统

搭建支撑海洋资源利用与环境政策决策的大数据服务系统，可提供科学的资源环境承载能力评估、生态红线划定等技术支撑，辅助政府制定出基于海洋生态容量的合理产业政策、利用规划，实现经济社会发展与生态文明建设的有机统一。

参 考 文 献

曹丽娜, 2019. 海洋大数据管理与应用技术研究. 舟山: 浙江海洋大学.

胡伟忠, 2009. 海量海洋数据一体化管理研究. 杭州: 浙江大学.

Arrigo G P, 2021. Enhancing naval operations through space cooperation: The role of allies. Monterey: Naval Postgraduate School.

Chang S J, 2003. Vessel identification and monitoring systems for maritime security//IEEE 37th Annual 2003 International Carnahan Conference on Security Technology: 66-70.

Dittrich J, Quiané-Ruiz J A, 2012. Efficient big data processing in Hadoop MapReduce. Proceedings of the VLDB Endowment, 5(12): 2014-2015.

Etkins R, Epstein E S, 1982. The rise of global mean sea level as an indication of climate change. Science, 215(4530): 287-289.

Gudivada V N, Baeza-Yates R, Raghavan V V, 2015. Big data: Promises and problems. Computer, 48(3): 20-23.

Jagadish H V, Gehrke J, Labrinidis A, et al., 2014. Big data and its technical challenges. Communications of the ACM, 57(7): 86-94.

Klemas V, 2011. Remote sensing techniques for studying coastal ecosystems: An overview. Journal of Coastal Research, 27(1): 2-17.

Lee K, Liu L, 2013. Scaling queries over big RDF graphs with semantic hash partitioning. Proceedings of the VLDB Endowment, 6(14): 1894-1905.

Liu S, Chi M, Zou Y, et al., 2017. Oil spill detection via multitemporal optical remote sensing images: A change detection perspective. IEEE Geoscience and Remote Sensing Letters, 14(3): 324-328.

Matturdi B, Zhou X, Li S, et al., 2014. Big data security and privacy: A review. China Communications, 11(14): 135-145.

McCarthy M J, Colna K E, El-Mezayen M M, et al., 2017. Satellite remote sensing for coastal management: A review of successful applications. Environmental Management, 60: 323-339.

Pavithra S, Ramya S, Prathibha S, 2019. A survey on cloud security issues and blockchain// 3rd International Conference on Computing and Communications Technologies (ICCCT), IEEE: 136-140.

Prabhu S, Rodrigues A P, Prasad G, et al., 2015. Performance enhancement of Hadoop MapReduce framework for analyzing BigData//IEEE International Conference on Electrical, Computer and Communication Technologies (ICECCT), IEEE: 1-8.

Rong H, Teixeira A P, Soares C G, 2019. Ship trajectory uncertainty prediction based on a Gaussian process model. Ocean Engineering, 182: 499-511.

Sanderson P G, 2001. The application of satellite remote sensing to coastal management in Singapore. AMBIO: A Journal of the Human Environment, 30(1): 43-48.

Sergio F, Sergio G, Masciari E, et al., 2018. A comprehensive guide through the italian database research over the last 25 years. Berlin: Springer.

Sunarta I N, Saifulloh M, 2022. Coastal tourism: Impact for built-up area growth and correlation to vegetation and water indices derived from Sentinel-2 remote sensing imagery. Geo Journal of Tourism and Geosites, 41(2): 509-516.

Yan Z, Xiao Y, Cheng L, et al., 2020. Exploring AIS data for intelligent maritime routes extraction. Applied Ocean Research, 101: 102271.

Yang Z, Xie W, Huang L, et al., 2018. Marine data security based on blockchain technology//IOP Conference Series: Materials Science and Engineering. IOP Publishing, 322(5): 052028.

Yue L, Junqin H, Shengzhi Q, et al., 2017. Big data model of security sharing based on blockchain//3rd International Conference on Big Data Computing and Communications (BIGCOM), IEEE: 117-121.

Zhang J, Xiang X, Li W, 2021. Advances in marine intelligent electromagnetic detection system, technology and applications: A review. IEEE Sensors Journal, 23(5): 4312-4326.

Zheng C W, Li C Y, Pan J, et al., 2016. An overview of global ocean wind energy resource evaluations. Renewable and Sustainable Energy Reviews, 53: 1240-1251.